Wissenschaftliche Reihe
Fahrzeugtechnik Universität Stuttgart

Herausgegeben von
M. Bargende, Stuttgart, Deutschland
H.-C. Reuss, Stuttgart, Deutschland
J. Wiedemann, Stuttgart, Deutschland

Das Institut für Verbrennungsmotoren und Kraftfahrwesen (IVK) an der Universität Stuttgart erforscht, entwickelt, appliziert und erprobt, in enger Zusammenarbeit mit der Industrie, Elemente bzw. Technologien aus dem Bereich moderner Fahrzeugkonzepte. Das Institut gliedert sich in die drei Bereiche Kraftfahrwesen, Fahrzeugantriebe und Kraftfahrzeug-Mechatronik. Aufgabe dieser Bereiche ist die Ausarbeitung des Themengebietes im Prüfstandsbetrieb, in Theorie und Simulation. Schwerpunkte des Kraftfahrwesens sind hierbei die Aerodynamik, Akustik (NVH), Fahrdynamik und Fahrermodellierung, Leichtbau, Sicherheit, Kraftübertragung sowie Energie und Thermomanagement – auch in Verbindung mit hybriden und batterieelektrischen Fahrzeugkonzepten.

Der Bereich Fahrzeugantriebe widmet sich den Themen Brennverfahrensentwicklung einschließlich Regelungs- und Steuerungskonzeptionen bei zugleich minimierten Emissionen, komplexe Abgasnachbehandlung, Aufladesysteme und -strategien, Hybridsysteme und Betriebsstrategien sowie mechanisch-akustischen Fragestellungen.

Themen der Kraftfahrzeug-Mechatronik sind die Antriebsstrangregelung/Hybride, Elektromobilität, Bordnetz und Energiemanagement, Funktions- und Softwareentwicklung sowie Test und Diagnose.

Die Erfüllung dieser Aufgaben wird prüfstandsseitig neben vielem anderen unterstützt durch 19 Motorenprüfstände, zwei Rollenprüfstände, einen 1:1-Fahrsimulator, einen Antriebsstrangprüfstand, einen Thermowindkanal sowie einen 1:1-Aeroakustikwindkanal.

Die wissenschaftliche Reihe „Fahrzeugtechnik Universität Stuttgart" präsentiert über die am Institut entstandenen Promotionen die hervorragenden Arbeitsergebnisse der Forschungstätigkeiten am IVK.

Herausgegeben von

Prof. Dr.-Ing. Michael Bargende
Lehrstuhl Fahrzeugantriebe,
Institut für Verbrennungsmotoren und
Kraftfahrwesen, Universität Stuttgart
Stuttgart, Deutschland

Prof. Dr.-Ing. Jochen Wiedemann
Lehrstuhl Kraftfahrwesen,
Institut für Verbrennungsmotoren und
Kraftfahrwesen, Universität Stuttgart
Stuttgart, Deutschland

Prof. Dr.-Ing. Hans-Christian Reuss
Lehrstuhl Kraftfahrzeugmechatronik,
Institut für Verbrennungsmotoren und
Kraftfahrwesen, Universität Stuttgart
Stuttgart, Deutschland

Mahir Tim Keskin

Modell zur Vorhersage der Brennrate in der Betriebsart kontrollierte Benzinselbstzündung

Mahir Tim Keskin
Stuttgart, Deutschland

Zugl.: Dissertation Universität Stuttgart, 2016

D93

Wissenschaftliche Reihe Fahrzeugtechnik Universität Stuttgart
ISBN 978-3-658-15064-8   ISBN 978-3-658-15065-5 (eBook)
DOI 10.1007/978-3-658-15065-5

Die Deutsche Nationalbibliothek verzeichnet diese Publikation in der Deutschen National-
bibliografie; detaillierte bibliografische Daten sind im Internet über http://dnb.d-nb.de abrufbar.

Gedruckt auf säurefreiem und chlorfrei gebleichtem Papier

Springer Vieweg ist Teil von Springer Nature
Die eingetragene Gesellschaft ist Springer Fachmedien Wiesbaden GmbH

Vorwort

Diese Arbeit entstand während meiner Tätigkeit als wissenschaftlicher Mitarbeiter am Institut für Verbrennungsmotoren und Kraftfahrwesen der Universität Stuttgart (IVK) unter der Leitung von Prof. Dr.-Ing. M. Bargende in den Jahren 2012 bis 2015.

Herrn Professor Bargende gebührt mein besonderer Dank für seine Unterstützung, das entgegengebrachte Vertrauen und den Freiraum bei der Ausgestaltung des Forschungsprojektes. Herrn Professor Beidl (Technische Universität Darmstadt) danke ich für das Interesse an der Arbeit und die Übernahme des Korreferates.

Ich danke der Forschungsvereinigung Verbrennungskraftmaschinen e.V. (FVV) für die Initiierung der Forschungsaufgabe und dem Bundesministerium für Wirtschaft und Technologie (BMWi) für die Finanzierung des Projekts über die Arbeitsgemeinschaft industrieller Forschungsvereinigungen e. V. (AiF).

Meinem direkten Vorgesetzten, Herrn Dr.-Ing. M. Grill, gilt mein besonderer Dank für seine großartige Unterstützung in allen Belangen, insbesondere für die fachlichen Diskussionen, die die Arbeit weitergebracht haben.

Bei allen Mitarbeitern des IVK und des benachbarten Forschungsinstituts für Kraftfahrwesen und Fahrzeugmotoren Stuttgart (FKFS) möchte ich mich für die sehr angenehme Arbeitsatmosphäre und die gute Zusammenarbeit herzlich bedanken.

Schließlich gebührt mein größter Dank meiner Familie für sämtliche Unterstützung, die ich geschenkt bekommen habe, vom ersten Wecken des Interesses an der Wissenschaft in jungen Tagen bis hin zur großen Geduld und geopferten Zeit an Wochenenden während der Fertigstellung der Arbeit – in chronologischer Reihenfolge daher mein herzlicher Dank an meine Eltern, meine Brüder, meine Frau Hatice und unsere Tochter Mira Estelle.

Stuttgart   Mahir Tim Keskin

Inhaltsverzeichnis

Abbildungsverzeichnis

Tabellenverzeichnis

Abkürzungsverzeichnis

Lateinische Symbole

A	$[(m^3/mol)^{\text{Reaktionsordnung}}/s]$	präexponentieller Faktor
A	$[-]$	Summenformel des Edukts A
a	$[-]$	Parameter zur Abstimmung des Druckeinflusses
a	$[m]$	Grundkreisradius des Kugelsegments
A_F	$[m^3]$	Flammenoberfläche
A_{KK}	$[m^2]$	Oberfläche der Kugelkalotte
a_{ZZP}	$[-]$	Parameter zur Beschreibung der erniedrigten Flammengeschwindigkeit in der frühen Ausbreitungsphase
A^*	$[s/(m^3/mol)^{\text{Reaktionsordnung}}]$	durch 1000 dividierter Kehrwert des präexponentiellen Faktors
B	$[-]$	Summenformel des Edukts B
b	$[K]$	Aktivierungstemperatur
C	$[-]$	Summenformel des Produkts C
c	$[1/Pa^a]$	Parameter zur Abstimmung des präexponentiellen Faktors
c_A	$[mol/m^3]$	Konzentration des Stoffs A
c_B	$[mol/m^3]$	Konzentration des Stoffs B
$c_{Beimisch}$	$[-]$	Parameter zur Abstimmung der Beimischung
c_{Kr}	$[mol/m^3]$	Kraftstoffkonzentration
c_{O2}	$[mol/m^3]$	Sauerstoffkonzentration
c_{Rad}	$[mol/m^3]$	Radikalkonzentration

$c_{\sigma,WEB-NB}$	[-]	Verhältnis der Standardabweichungen von Wandeinfluss- und Normalbereich (Abstimmparameter)
D	[m]	Bohrungsdurchmesser
D	[-]	Summenformel des Produkts D
D_{Vrkt}	[-]	Dämpfungsfaktor (Abstimmparameter) $\geq$ 1
$\dfrac{dm_A}{d\varphi}$	[kg/°KW]	Auslassmassenstrom
$\dfrac{dm_B}{dt}$	[kg/s]	Massenstrom ins Verbrannte
$\dfrac{dm_B}{d\varphi}$	[kg/°KW]	Einspritzmassenstrom
$\dfrac{dm_{Beimisch}}{dt}$	[kg/s]	Massenstrom in den aufbereiteten Bereich
$\dfrac{dm_E}{dt}$	[kg/s]	Eindringmassenstrom in die Flammenzone
$\dfrac{dm_{E,orig}}{dt}$	[kg/s]	Eindringmassenstrom im originalen Entrainmentmodell nach Gleichung (2.5)
$\dfrac{dm_E}{d\varphi}$	[kg/°KW]	Einlassmassenstrom
$\dfrac{dm_F}{dt}$	[kg/s]	Änderung der Masse in der Flammenzone
$\dfrac{dm_L}{d\varphi}$	[kg/°KW]	Leckagemassenstrom
$\dfrac{dm_{uv}}{dt}$	[kg/s]	Massenstrom ins Unverbrannte
$\dfrac{dm_v}{dt}$	[kg/s]	Massenstrom ins Verbrannte
$\dfrac{dm_{v,dir}}{dt}$	[kg/s]	über die Volumenreaktion (direkt) verbrennender Massenstrom

$\dfrac{dm_{v,ent}}{dt}$	[kg/s]	über eine Flammenausbreitung (Entrainment) verbrennender Massenstrom
$\dfrac{dm_{ZI}}{dt}$	[kg/s]	bei ausbleibender Flammenausbreitung nach dem verteilten Zündintegral über eine Volumenreaktion verbrennender Massenstrom
$\dfrac{dm_{Zyl}}{d\varphi}$	[kg/°KW]	Änderung der Zylindermasse
$\dfrac{dn_{ZZ}}{dt}$	[1/s]	Änderung der Zündzentrenanzahl
$\dfrac{dQ_B}{d\varphi}$	[J/°KW]	Brennverlauf
$\dfrac{dQ_W}{d\varphi}$	[J/°KW]	Wandwärmestrom
$\dfrac{dt}{d\varphi}$	[s/°KW]	Ableitung der Zeit nach dem Kurbelwinkel
$\dfrac{dU}{d\varphi}$	[J/°KW]	Änderung der inneren Energie
$\dfrac{dV}{d\varphi}$	[m³/°KW]	Volumenänderung
$\dfrac{dx_{ent}}{dt}$	[1/s]	über eine Flammenausbreitung (Entrainment) verbrennender Massenstrom bezogen auf die Gesamtmasse
E	[J]	Energiemenge, die der Vorwärmzone zugeführt werden muss, um dort die Entflammung einzuleiten
E_A	[J/mol]	Aktivierungsenergie
ex_{Kr}	[-]	Exponent des Kraftstoffkonzentrationseinflusses (Abstimmparameter)
ex_{O2}	[-]	Exponent des Sauerstoffkonzentrationseinflusses (Abstimmparameter)
ex_p	[-]	Exponent des Druckeinflusses (Abstimmparameter)

ex_{Rad}	[-]	Exponent des Radikalkonzentrationseinflusses (Abstimmparameter)
$E(X)$	[-]	Erwartungswert der Zufallsvariable
f_{ent}	[-]	Entrainment-Faktor zur Berücksichtigung der gleichzeitigen Flammenausbreitung
f_F	[-]	Massenanteil der Flammenzone am Unverbrannten
f_{inhom}	[-]	Faktor zur Beschreibung der räumlichen Inhomogenität (Abstimmparameter)
$f_K(x)$	[1/Einheit der Zufallsvariablen]	Dichtefunktion der kontaminierten Normalverteilung
$f_{lok,T}$	[-]	Einflussfaktor des lokalen Temperaturanstiegs (Abstimmparameter)
f_n	[-]	Oberflächenvergrößerungsfaktor für n Kugeln ohne Berücksichtigung der Überlappung
f_{red}	[-]	Reduktionsfaktor für verminderte Aktivität in zurückgesaugtem Abgas
f_O	[-]	Oberflächenvergrößerungsfaktor für n Kugeln mit Berücksichtigung der Überlappung
$f_{O,max}$	[-]	Maximaler Oberflächenvergrößerungsfaktor für n Kugeln mit Berücksichtigung der Überlappung bei paritätischer Volumenaufteilung
$f_Ü$	[-]	Faktor der Oberflächenvergrößerung zweier überlappender Kugeln bezogen auf eine volumengleiche Einzelkugel
f_{Vrkt}	[-]	Vorreaktionsfaktor
$f_{V,vdir}$	[-]	Volumenfaktor durch die über eine Volumenreaktion verbrennende Masse
$F(x)$	[-]	Verteilungsfunktion der Normalverteilung

$f(x)$	[1/Einheit der Zufalls-variablen]	Dichtefunktion der Normalverteilung
h	[m]	Höhe des Kugelsegments
h_A	[J/kg]	spezifische Abgasenthalpie
h_E	[J/kg]	spezifische Ansaugenthalpie
I	[-]	Integral der Reaktionsrate („Klopfinteg-ral")
i	[-]	Index der einzelnen Normalverteilungen
K	[-]	Abstimmparameter zur Bestimmung des Auswertezeitpunkts
k	[(m³/mol)^{Reaktionsordnung}/s]	Geschwindigkeitskoeffizient
k	[-]	möglicher Wert der Zufallsvariable (An-zahl der Erfolge in der Stichprobe)
k	[m²/s²]	spezifische Turbulenz
l	[m]	integrales Längenmaß
$l_{char,GW}$	[m]	charakteristische Länge
l_T	[m]	Taylorlänge
M	[-]	Anzahl der Elemente in der Grundgesamt-heit mit einer bestimmten Eigenschaft (maximal mögliche Anzahl der Erfolge)
$MAX(f_n)$	[-]	Maximaler Oberflächenvergrößerungsfak-tor für n Kugeln (bei paritätischer Volu-menaufteilung)
$m_{Beimisch}$	[kg]	Aufbereitete Masse
m_F	[kg]	Masse der Flammenzone
m_{uv}	[kg]	Masse im Unverbrannten
$m_{V,dir}$	[kg]	über eine Volumenreaktion (direkt) ver-brannte Masse
$m_{v,ent}$	[kg]	über Flammenausbreitung (Entrainment) verbrannte Masse

m_{Zyl}	[kg]	Zylindermasse
N	[-]	Anzahl der Elemente in der Grundgesamtheit
n	[-]	Anzahl der überlagerten Normalverteilungen
n	[-]	Anzahl der Kugeln im geometrischen Analogon
n	[-]	Anzahl der Elemente in einer Stichprobe
n_{ZZ}	[-]	Anzahl der Zündzentren
O_{EK}	[m³]	Oberfläche der volumengleichen Einzelkugel
O_i	[m]	Oberfläche der i-ten Kugel
O_{ref}	[m]	Oberfläche der als Referenz dienenden Einzelkugel
$O_{ÜK}$	[m²]	Oberfläche der sich überlappenden Kugeln
P	[-]	Wahrscheinlichkeit
p	[Pa]	Druck
p_{mi}	[Pa]	Indizierter Mitteldruck
$p_{mi,HD}$	[Pa]	Indizierter Mitteldruck des Hochdruckteils
Pr	[-]	Prandtl-Zahl
Q_B	[-]	bis zum betrachteten Zeitraum freigesetzte Wärmemenge
R	[-]	Integral der Reaktionsrate („Zündintegral")
R	[J/(kg·K)]	individuelle Gaskonstante
$\Re$	[(J/(mol·K)]	universelle Gaskonstante
r	[m]	Radius der Kugeln
r	[1/s]	Reaktionsrate

r_{EK}	[m]	Radius einer Einzelkugel mit dem Volumen der sich überlappenden Kugeln
r_i	[m]	Radius der i-ten Kugel
r_{ref}	[m]	Radius der als Referenz dienenden Einzelkugel
$r_{theo,i}$	[m]	theoretischer Radius der i-ten Kugel
$R_{Vrkt,uv}(t)$	[-]	zeitlich veränderliches Vorreaktionsniveau im Unverbrannten
s	[m]	Zusatzdicke des Wandeinflussbereichs
s_L	[m/s]	laminare Flammengeschwindigkeit
$s_{L,mod}$	[m/s]	modifizierte laminare Flammengeschwindigkeit zur Berücksichtigung von Vorreaktionen im Unverbrannten
$s_{L,0}$	[m/s]	laminare Flammengeschwindigkeit bei Referenzbedingungen
s_{WEB}	[m]	Wandeinflussbereichsdicke
T	[K]	Temperatur
t	[s]	Zeit
T_{Akt}	[K]	Konditionierungstemperatur, bei der das Gemisch nach einer Zeitspanne t* selbstzündet
t_{EB}	[s]	Einspritzbeginn
$t_{nZZ,i}$	[s]	Zeitpunkt des Entstehens eines neuen Zündzentrums
T_{uv}	[K]	Temperatur im Unverbrannten
T_{uv}	[K]	Temperatur, auf die das Unverbrannte konditioniert wird
T_W	[K]	Wandtemperatur
T_0	[K]	Referenztemperatur

$t*$	[s]	Zeitpunkt, zu dem das Gemisch bei einer Konditionierungstemperatur T_{Akt} selbstzündet
$T(x)$	[K]	lokale Temperatur
u_E	[m/s]	Eindringgeschwindigkeit
u_{Turb}	[m/s]	isotrope turbulente Schwankungsgeschwindigkeit
u_∞	[m/s]	Ungestörte Strömungsgeschwindigkeit außerhalb des Wandeinflussbereichs
$u(x)$	[m/s]	Lokale Strömungsgeschwindigkeit
ü	[-]	Überlappungsgrad
V	[m³]	Volumen
V_{ges}	[m³]	aktuelles Brennraumvolumen
V_{GW}	[m³]	Volumen der Gemischwolke
V_i	[m³]	Volumen der i-ten Kugel
V_j	[m³]	Volumen der j-ten „Verbrennungskugel"
V_k	[m³]	Volumen der k-ten „Verbrennungskugel"
V_{KS}	[m³]	Volumen des Kugelsegments
V_{ref}	[m³]	Volumen der als Referenz dienenden Einzelkugel
$V_ü$	[m³]	Überlappungsvolumen
$V_{ÜK}$	[m³]	Gesamtvolumen der sich überlappenden Kugeln
V_{WEB}	[m³]	Volumen des Wandeinflussbereichs
w_{Reak}	[1/s]	Reaktionsrate des Zeitschritts
X	[-]	diskrete Zufallsgröße
x	[-]	dimensionsloser Abstand der sich überlappenden Kugeln
x	[beliebige Einheit]	Zufallsvariable

$\tilde{x}$	[Einheit der Zufalls-variablen]	Integrationsvariable
$x_{AGR,st}$	[-]	stöchiometrische Restgasrate[1] [-]
$x_{AGR,st,AK}$	[-]	stöchiometrischer Restgasgehalt bei ausschließlicher Berücksichtigung des zürückgesaugten Abgases
$x_{AGR,st,BRH}$	[-]	stöchiometrischer Restgasgehalt bei ausschließlicher Berücksichtigung des im Brennraum rückgehaltenen Abgases
$x_{ZI,v}$	[-]	Massenanteil der bereits nach dem verteilten Zündintegral gezündeten Temperaturgruppen
y	[-]	verbrannter Volumenanteil
z	[-]	Transformationsvariable
z_i	[-]	Volumenanteil der i-ten Kugel

Griechische Symbole

α_W	[W/(m²·K)]	Wandwärmeübergangskoeffizient
Δ	[m]	Abstand der Kugelmittelpunkte
Δt	[s]	Zeitdauer, die benötigt wird, um der Vorwärmzone die zur Entflammung nötige Energiemenge zuzuführen
$\Delta\varphi$	[°KW]	Brenndauer
δ_t	[m]	Grenzschichtdicke
ε		Anteil einer einzelnen Normalverteilung
ε_{NB}	[-]	Massenanteil des Normalbereichs
ε_{WEB}	[-]	Massenanteil des Wandeinflussbereichs
μ_{Rad}	[mol/m³]	Proportionalitätsfaktor zwischen Radikalkonzentration und Restgasgehalt

---

[1] definiert nach [51], S. 104 f., womit bei überstöchiometrischem Luftverhältnis der unverbrannten Luftmasse im Abgas Rechnung getragen wird

λ	[-]	Luftverhältnis
λ_G	[W/(m·K)]	Wärmeleitfähigkeit des Brennraumgases
μ	[Einheit der Zufallsvariablen]	Mittelwert
$\mu_{T,NB}$	[K]	Mitteltemperatur im Normalbereich
$\mu_{T,WEB}$	[K]	Mitteltemperatur im Wandeinflussbereich
ξ	[-]	Exponent des Restgaseinflusses
ρ_{uv}	[kg/m³]	Dichte im Unverbrannten
ρ_v	[kg/m³]	Dichte im Verbrannten
σ	[Einheit der Zufallsvariablen]	Standardabweichung
σ_{NB}	[K]	Standardabweichung der Temperatur im Normalbereich
σ_{WEB}	[K]	Standardabweichung der Temperatur im Wandeinflussbereich
τ_L	[s]	charakteristische Brennzeit
v_{Turb}	[m²/s]	turbulente kinematische Viskosität
ϕ	[-]	Verteilungsfunktion der Standardnormalverteilung
φ	[°KW]	Kurbelwinkel
φ_E	[°KW]	Kurbelwinkel zur Auswertung des Integrals
φ_{ES}	[°KW]	Kurbelwinkel bei ES
φ_{VA}	[°KW]	Kurbelwinkel bei Brennbeginn
φ_{ZZP}	[°KW]	Zündwinkel
$\varphi(x)$	[1/ Einheit der Zufallsvariablen]	Dichtefunktion der Standardnormalverteilung
χ_T	[-]	Vorfaktor
ω	[°KW/s]	Winkelgeschwindigkeit der Kurbelwelle

Indizes

A	Auslass
AGR	Abgasrückführung
AK	Auslasskanal
Akt	Aktivierung
B	Verbrennung
$Beimisch$	Beimischung
BRH	Brennraumrückhaltung
$char$	charakteristisch
dir	direkt (Volumenreaktion)
E	Einlass; auch: eindringend
EB	Einspritzbeginn
EK	Einzelkugel
ent	Entrainment (Flammenausbreitung)
ES	Schließzeitpunkt des Einlassventils („Einlass-schließt")
F	Flammenzone
G	Gas
ges	gesamt
GW	Gemischwolke
i	indiziert oder Zählindex
$inhom$	Inhomogenität
j	Zählindex
K	kontaminiert
k	Anzahl der Erfolge
KK	Kugelkalotte
Kr	Kraftstoff
KS	Kugelschale

L	Leckage
lok,T	lokale Temperatur
m	gemittelt
max	maximal
mod	modifiziert
n	Stichprobengröße, allgemein: Anzahl
NB	Normalbereich
nZZ	Anzahl der Zündzentren
O	Oberfläche
$orig$	Original-Entrainmentmodell
$O2$	Sauerstoff
p	Druck
Rad	Radikal
$Reak$	Reaktion
ref	Bezug (Referenz)
st	stöchiometrisch
T	Temperatur
$theo$	theoretisch
$Turb$	Turbulenz
$Ü$	überlappend
$ÜK$	überlappende Kugeln
UV	unverbrannt
V	verbrannt
V	Volumen
VA	Brennbeginn (Verbrennungsanfang)
$Vrkt$	Vorreaktion
W	Wand

WEB	Wandeinflussbereich
ZI	Zündintegral
Zyl	Zylinder
ZZ	Zündzentrum
ZZP	Zündzeitpunkt
0	Referenzbedingungen
∞	ungestört (Strömung)

Abkürzungen

AÖ	Zeitpunkt des (ersten) Öffnens des Auslassventils(„Auslass-öffnet")
AÖ2	Zeitpunkt des zweiten Öffnens des Auslassventils („Auslass-öffnet", Strategie Restgasrücksaugung)
ARC	Activated Radical Combustion
AS	Schließzeitpunkt des Auslassventils („Auslass-schließt")
AS1	1.Schließzeitpunkt des Auslassventils („Auslass-schließt", Strategie Restgasrücksaugung)
ASP	Arbeitsspiel
ATAC	Active Thermo Atmosphere Combustion
CAI	Controlled Auto-Ignition
CFD	Computational Fluid Dynamics
ES	Schließzeitpunkt des Einlassventils („Einlass-schließt")
FVV	Forschungsvereinigung Verbrennungskraftmaschinen
HCCI	Homogeneous Charge Compression Ignition
gHCCI	Gasoline Homogeneous Charge Compression Ignition
GOT	Oberer Totpunkt des Gaswechsels
KW	Kurbelwinkel
n.	nach

OT	Oberer Totpunkt
PTDC	Pumping Top Dead Centre
RDE	Real Driving Emissions
RZV	Raumzündverbrennung
SOI	Einspritzbeginn der Einzeleinspritzung (start of injection)
SOI1	Einspritzbeginn der Voreinspritzung (start of injection)
SOI2	Einspritzbeginn der Haupteinspritzung (start of injection)
stöch.	stöchiometrisch
UT	Unterer Totpunkt
v.	vor
ZOT	Oberer Totpunkt der Zündung

Zusammenfassung

Das Bestreben, den Wirkungsgrad des Ottomotors insbesondere im Teillastbereich zu verbessern, hat in den letzten Jahrzehnten zu einer Reihe von Innovationen geführt, zu der auch das Brennverfahren der kontrollierten Benzinselbstzündung gehört. Trotz des großen Potentials dieses Verfahrens, insbesondere auch zur innermotorischen Reduzierung von Stickoxidemissionen, wurden bis dato noch keine Serienanwendungen eingeführt. Dies liegt unter anderem auch im nicht unerheblichen Aufwand für die Regelung und den damit verbundenen Kostennachteil begründet, der gegenwärtig Alternativen wie das Downsizing attraktiver erscheinen lässt. Mit der zunehmenden Verschärfung von CO_2- und Schadstoffgrenzwerten, insbesondere der Einführung von RDE-Vorschriften, bei gleichzeitig zu erwartendem Preisrückgang der zur Regelung benötigten Sensorik wird die kontrollierte Benzinselbstzündung zukünftig jedoch an Bedeutung gewinnen. Für die frühzeitige Motorauslegung und die Entwicklung von Betriebs- und Regelstrategien ist dann zur Entlastung des kostenintensiven Prüfstandsbetriebs ein erheblicher Bedarf für ein schnell rechnendes, vorhersagefähiges Simulationsmodell zu erwarten. Mit der Entwicklung eines neuen Brennverlaufsmodells in diesem Vorhaben ist damit ein wichtiges Werkzeug geschaffen worden, um das neue Brennverfahren auf dem Weg zu Serienanwendungen voranzubringen.

Das neu entwickelte Brennverlaufsmodell basiert auf der Idee, den Verbrennungsfortschritt in der Betriebsart kontrollierte Benzinselbstzündung als eine Kombination von laminar-turbulenter Flammenausbreitung und einem sequentiellen Selbstzündprozess zu begreifen. Es beinhaltet zur Darstellung des ersten Mechanismus daher das aus der Simulation der konventionellen fremdgezündeten ottomotorischen Verbrennung bestens bewährte Entrainmentmodell, das an einigen Stellen zur Beschreibung der veränderten Randbedingungen erweitert und modifiziert wurde, unter anderem durch einen Term, der die Erhöhung der laminaren Flammengeschwindigkeit mit einem ansteigenden Vorreaktionsniveau im Unverbrannten beschreibt. Der sequentielle Selbstzündprozess wird mithilfe eines Zündintegrals auf Basis der Arrhenius-Gleichung beschrieben, das für Gruppen unterschiedlicher Temperatur separat verfolgt wird. Die Temperaturverteilung selbst basiert dabei auf einer kontaminierten Normalverteilung, die den Einfluss der Wandtemperatur auf wandnahe Gemischbereiche berücksichtigt. Dies ermöglicht die Modellierung thermodynamisch auf zwei Zonen – eine verbrannte und eine unverbrannte Zone – zu beschränken. Beide Mechanismen des Verbrennungsfortschritts laufen parallel ab und können sich gegenseitig beeinflussen, wobei sich die dynamische Aufteilung je nach vorherrschenden

Randbedingungen automatisch ergibt. Außerdem ist ein auf einem k-ε - Turbulenzmodell basierendes Untermodul zur Behandlung der Kraftstoffaufbereitung bei späten Einspritzzeitpunkten enthalten.

Das neue Modell kommt darüber hinaus mit vergleichsweise wenigen, intuitiv nachvollziehbaren Abstimmparametern aus und benötigt nur sehr kurze Rechenzeiten von deutlich unter fünf Sekunden für ein vollständiges Arbeitsspiel inklusive Ladungswechselrechnung.

Das neue Brennverlaufsmodell wurde in das FVV-Zylindermodul [34] integriert, das einen modularen Ansatz zur objektorientierten Beschreibung innermotorischer Vorgänge verfolgt und unter anderem Ansätze zur Beschreibung der Kalorik und des Wandwärmeübergangs sowie einen Differentialgleichungslöser beinhaltet, was in der Modellentwicklung die Konzentration auf den Verbrennungsprozess selbst ermöglichte.

Nach der Implementierung wurde das Modell anhand von Messdaten von einem Einzylindermotor validiert, die im Rahmen eines Vorgängerprojekts [5] gewonnen wurden und eine breite Palette an Variationen von Steuergrößen abdecken, unter anderem unterschiedliche Restgasstrategien sowie einen Betriebsartenwechsel vom konventionellen fremdgezündeten Betrieb. Nach einmaliger Abstimmung ist das Modell in der Lage, die Brennrate für alle Betriebspunkte mit einem gemeinsamen Parametersatz vorherzusagen. Dies gilt sowohl für die Hauptverbrennung als auch für eine gegebenenfalls während der negativen Ventilüberschneidung auftretende GOT-Verbrennung. Vergleiche von mehr als 150 Betriebspunkten zeigen dabei eine sehr gute Übereinstimmung mit den Brennverläufen aus der Druckverlaufsanalyse.

Abstract

In the last decades efforts to improve the thermal efficiency – particularly at part load - of gasoline engines have led to a number of technical innovations. One of them is operating the engine at part load in a so-called "Gasoline Homogeneous Charge Compression Ignition (gHCCI)" combustion mode. It is achieved by compressing a homogeneous gasoline-air-mixture until auto-ignition occurs, resulting in a fast combustion with very low engine-out emissions of nitrogen oxides (NO_x) and thus enabling the use of lean mixtures in combination with a three-way-catalyst, leading to improvements in fuel efficiency as well. However, auto-igniting gasoline requires high compression temperatures, control parameters which have a direct impact on combustion phasing are lacking and the need to limit the high pressure gradients during combustion makes it inevitable to switch to the conventional spark ignition at higher loads. Although experimental researchers have repeatedly demonstrated that these drawbacks can be overcome, controlling combustion in gHCCI mode remains a demanding task that is associated with high complexity and corresponding costs.

Hence the automotive industry has currently focussed on alternative means to reduce fuel consumption and exhaust emissions in gasoline engines, such as downsizing in particular. However, the ongoing trend of enforcing lower fleet consumption and tightening emission standards, in particular the planned introduction of "Real Driving Emissions (RDE)" – making scavenging and mixture enrichment hardly affordable in future type approval procedures – will intensify the pressure on the automotive industry to achieve further improvement. Additionally, costs for variable valve trains and sensors which are required for combustion control in gHCCI mode can be expected to keep decreasing, making gHCCI even more attractive. As soon as commercial applications of gHCCI are considered, there will be a strong need to develop operating and control strategies for a timely assessment of potential and hardware requirements and in order to find a suitable engine and valve train layout. Doing this solely experimentally on the engine test bench is highly cost-intensive and can be a serious impediment for new engine technologies, as current engine development methods considerably rely on simulations. Therefore a fast, predictive burn rate model would be a valuable tool in the development process of a gHCCI engine. Such a model has been developed during this research project and is henceforth presented.

The newly developed burn rate model is based on the idea to see combustion in gHCCI mode as a combination of laminar-turbulent flame propagation on the one hand and a sequential self-ignition process on the other hand. In order to model the first mechanism, an entrainment model, which has convincingly proved itself in practice for conventional spark ignition engines, is included. Several amendments and modifications have been made to account for the different boundary conditions in gHCCI mode, such as a term describing the increase of laminar burning speed at high pre reaction levels in the unburned charge. The second mechanism is essentially represented by ignition delay calculation, in which the reaction rate is computed separately for some hundred groups of different temperatures based on the ARRHENIUS equation. Thermal inhomogeneity is described by a contaminated normal distribution which accounts for the influence of wall temperature on mixture close to the cylinder wall. This allows restricting the number of thermodynamic zones to two only, a burned and an unburned zone. Both mechanisms for the combustion progression run simultaneously and can influence each other, leading to a dynamic partitioning between the two modes depending of the boundary conditions. The new model features furthermore a sub module that calculates mixture formation for late injection timings based on a k-ε turbulence model.

All in all, a relatively low number of tuning parameters is sufficient for model calibration, with all of them being intuitionally comprehensible. Computation time for a complete working cycle including gas exchange calculation is distinctly below five seconds.

The new burn rate model has been integrated in the "FVV-Zylindermodul", a modular designed concept for object-oriented modelling of in-cylinder processes presented in [34] that features, among others, approaches for calorics and wall heat transfer as well as a built-in differential equation solver, making it possible to limit modelling to the combustion process only.

After implementation the newly developed model has been validated using measurement data gained on a one-cylinder passenger car engine during a predecessor project [5], covering a wide range of variations of control parameters, including different operating strategies and an operating mode switch from conventional spark ignition. Once calibrated, the model is able to predict combustion rates for all operating points using a single set of tuning parameters. This applies also to combustion that can occur during the negative valve overlap around PTDC in the combustion chamber recirculation strategy. Comparisons for more than 150 operating points show good agreement between simulation and experimental data.

1 Einleitung

Das Automobil, speziell in Verbindung mit einem Verbrennungsmotor als Antrieb, stellt zweifelsohne im Bewusstsein der meisten Menschen eines der stärksten Symbole für den technischen Fortschritt im 20. Jahrhundert dar. Neben vielen positiven Assoziationen, die damit einhergehen, repräsentiert es damit aber auch die vielmals zitierte Kehrseite technischen Fortschritts und steht damit im Fokus der Öffentlichkeit. Lange Zeit standen dabei vor allem Umweltschäden durch die Schadstoffemissionen im Abgas sowie die fehlende Nachhaltigkeit durch den Verbrauch fossiler Energieträger im Vordergrund, hinzu kam vor allem in den letzten Jahrzehnten ein verstärktes Bewusstsein für die Emissionen von Kohlenstoffdioxid, das bei der Verbrennung von Kohlenwasserstoffen zwar unweigerlich entsteht und gesundheitlich als unbedenklich einzustufen ist, allerdings klimawirksam ist und damit für einen anthropogenen Anteil an der globalen Erderwärmung mit verantwortlich gemacht werden kann. Die entsprechende Gesetzgebung bezüglich Schadstoffgrenzwerten und des CO_2-Flottenverbrauchs, verbunden mit steigenden Kundenansprüchen und einem erhöhten Wettbewerbsruck auf einem globalisierten Markt, führt in Summe zu einem starken Anreiz, den Verbrennungsmotor auch nach einer über hundertjährigen Geschichte immer weiter zu optimieren hinsichtlich Verbrauch, Schadstoff- und CO_2-Emissionen.

Dies betrifft sowohl den Ottomotor als auch den Dieselmotor. Während der letztgenannte einen Wirkungsgradvorteil aufweisen kann, besitzt der Ottomotor in Verbindung mit einem Drei-Wege-Katalysator Vorteile hinsichtlich bestimmter Schadstoffemissionen und ist zudem im Allgemeinen leichter, leiser und aufgrund seiner geringeren Komplexität in der Anschaffung günstiger. Überlegungen, die jeweiligen Nachteile zu beseitigen, führten zu der Entwicklung einer Reihe von Innovationen, die eine zunehmende Annäherung des Otto- und des Dieselmotors mit sich bringen. Klassischerweise ist der Ottomotor durch homogenes Gemisch und Fremdzündung gekennzeichnet, während der Dieselmotor auf der Selbstzündung eines heterogenen Gemischs basiert, vergleiche *Tabelle 1.1*. Die Kombination von Fremdzündung mit heterogenem Gemisch führte zur Entwicklung von Schichtbrennverfahren für Ottomotoren, die eine deutliche Verbrauchsreduzierung im Teillastbereich aufweisen können. Als Nachteil ergibt sich jedoch durch den mageren Betrieb der Bedarf an aufwändigen Abgasnachbehandlungssystemen zur Reduzierung der Stickoxidemissionen und damit eine Reduzierung des Kostenvorteils des Ottomotors. Eine Alternative besteht in der Verbindung eines homogenen Gemischs mit Selbstzündung. Solche Brennverfahren, die für verschiedene Kraftstoffe zum Einsatz kommen können, werden häufig unter der Bezeichnung HCCI (Homogeneous Charge Compression Igni-

tion) zusammengefasst, die von [88] geprägt wurde. Speziell für Benzin als
Kraftstoff und zur Vermeidung von Verwechslungen soll im Folgenden von der
kontrollierten Benzinselbstzündung gesprochen werden[2].

Tabelle 1.1: Gegenüberstellung verschiedener Brennverfahren, nach [65]

	Fremdzündung	Selbstzündung
Homogenes Gemisch	konventionelle ottomotorische Verbrennung	HCCI
Heterogenes Gemisch	Schichtbrennverfahren	konventionelle Dieselver- brennung

Die kontrollierte Benzinselbstzündung kommt – da höhere Lasten zu unzu-
lässig starken Druckanstiegen führen – als Teillastbrennverfahren zum Einsatz
und ermöglicht hier sowohl deutliche Kraftstoffeinsparungen (12% [53] bis 15 %
[56] [58] über den NEFZ gegenüber dem Betrieb im konventionellen fremdgezündeten Brennverfahren) als auch eine starke innermotorische Reduzierung der
Stickoxidemissionen um bis zu 99% [56] [104]. Damit kann auch der Aufwand
hinsichtlich der Abgasnachbehandlung unter Wahrung der Kostenvorteile gering
gehalten werden. Möglich wird dies durch eine nahezu simultane Reaktionsein-
leitung an mehreren Orten des Gemischs, was zu einer verkürzten Brenndauer
und infolge der Spitzentemperaturabsenkung durch die starke Gemischverdünnung auch zur Stickoxidemissionsreduzierung führt. Der dadurch fehlende Bedarf zur Reduktion der Stickoxidemissionen im Katalysator bringt auch die Möglichkeit zur Anhebung des Luftverhältnisses – und damit zur Entdrosselung auch
bei einem preisgünstigen Drei-Wege-Katalysator, was einen weiteren Wirkungs-
gradgewinn ermöglicht.

Aufgrund dieses großen Potentials wurde umfangreiche Forschungsarbeit
an dem Brennverfahren geleistet. Erste Untersuchungen[3] erfolgten am Zwei-
Takt-Motor in den 1970er Jahren [67] [68], bevor ein Jahrzehnt später erstmals
auch am Viertaktmotor ein entsprechendes Brennverfahren zum Einsatz kam
[64]. Trotz weiterer intensiver Forschungstätigkeit auf dem Gebiet – zunächst in
[88] [1] [59] und verstärkt ab der Jahrtausendwende [90] - wurde bislang noch
keine automobile Serienanwendung eingeführt. Eines der Probleme dabei ist der
erhöhte Aufwand zur Regelung der Verbrennung [43] [101] [53] [5], da anders

---

[2] Daneben sind zahlreiche weitere Begriffe für solche Brennverfahren etabliert. Unter anderem
sind hier gHCCI (Gasoline Homogeneous Charge Compression Ignition), CAI (Controlled Auto
Ignition), ATAC (Active Thermo Atmosphere Combustion) sowie ARC (Activated Radical
Combustion) [90] sowie RZV (Raumzündverbrennung) [43] zu nennen.

[3] Genau genommen kann bereits der Lohmann-Hilfsmotor für Fahrräder aus den 1950er Jahren
[65] oder gar der Glühkopfmotor aus den letzten Jahren des 19.Jahrhunderts [46] als ein Motor
mit homogener Kompressionszündung gesehen werden. Allerdings war man sich zur damaligen
Zeit der tiefergehenden Zusammenhänge wohl noch nicht bewusst [65].

als beim konventionellen Ottomotor mit dem Zündfunken oder beim konventionellen Dieselmotor mit dem Einspritzbeginn keine einzelne Stellgröße mehr vorhanden ist, mit dem mit sehr geringer Totzeit unmittelbarer Einfluss auf die Verbrennung genommen werden könnte. Die Erarbeitung geeigneter Regelstrategien, basierend auf Kontrollgrößen wie der Ansauglufttemperatur [64] [88], dem Verdichtungsverhältnis [40] [97] [73], der Aufladung [21] [46], der Restgasrate [98] [54] [17] [5] sowie weiteren, vergleiche Kapitel 2.1.2.4, ist Gegenstand der Forschung und erfolgt in zeitaufwändigen und kostenintensiven Prüfstandsversuchen. Ansätze für die simulative Behandlung der kontrollierten Benzinselbstzündung sind zwar vorhanden [104] [79] [12] [77], basieren aber meist auf mehr oder weniger detaillierten Reaktionsmechanismen und CFD-Rechnungen. Sie weisen entsprechend lange Rechenzeiten in der Größenordnung von mehreren Tagen für ein einzelnes Arbeitsspiel auf [104] und eignen sich damit eher für grundsätzliche Betrachtungen als für die Entwicklung von applikationsfähigen Regelstrategien. Zudem ist mit dem hohen Regelaufwand auch eine entsprechende Komplexität und durch die notwendigen Sensoren, beispielsweise zur Messung des Zylinderdrucks, ein merklicher Kostenanstieg verbunden.

Während der Fokus der Automobilindustrie daher gegenwärtig eher auf anderen Technologien und Konzepten zur Wirkungsgradsteigerung liegt, bleibt die kontrollierte Benzinselbstzündung eine interessante Option für die Zukunft. Dies lässt sich aus einer Reihe von zu erwartenden Tendenzen ableiten:

■ Der allgemeine technische Fortschritt, insbesondere im Bereich der Elektronik, wird zu sinkenden Preisen für Sensorik im Allgemeinen und für Zylinderdruckaufnehmer im Speziellen führen.

■ Mit strenger werdenden Grenzwerten für den Flottenverbrauch werden auch teurere Technologien attraktiv werden, sofern sich die notwendigen Fortschritte nicht mehr anderweitig erreichen lassen.

■ Ebenso werden strenger werdende Vorschriften für Abgasemissionen[4], bei denen Werte aus dem gesamten Kennfeld relevant werden, bestimmte Konzepte zur Verbrauchssenkung wie etwa das Downsizing vor Probleme stellen[5], was wiederum den Bedarf an Alternativen erhöhen wird.

Damit ist insgesamt für die Zukunft ein wieder zunehmendes Interesse an der kontrollierten Benzinselbstzündung zu erwarten. Dabei wäre es in hohem Maße

---

[4] Es wird erwartet, dass im Zeitraum von 2017 bis 2020 sogenannte „Real Driving Emissions" (RDE) Bestandteil der EU-Abgasnormen werden [52].
[5] Dies betrifft beispielsweise die dann fehlenden Möglichkeiten zur Volllastanfettung und zur Luftspülung in Betriebsbereichen, die bislang für die Erfüllung der Abgasnormen nicht relevant waren.

nützlich, wenn zur Entwicklung applikationsfähiger Regelstrategien sowie zur frühzeitigen Bewertung der konkreten Entwicklungspotentiale und der Anforderungen an Regelsensorik ein schnelles, vorhersagefähiges Modell zur Beschreibung des Brennverfahrens zur Verfügung stünde. Mit der Entwicklung eines solchen Modells im Rahmen dieses Vorhabens soll dies geleistet und damit ein wichtiges Werkzeug für die Weiterentwicklung des Verfahrens bereitgestellt werden.

2 Grundlagen und Stand der Technik

2.1 Grundlagen der ottomotorischen Verbrennung

Ausgangspunkt jeder phänomenologischer Modellierung von Verbrennungsprozessen ist das grundsätzliche Verständnis der dabei ablaufenden physikalischen und chemischen Vorgänge im Brennraum. Daher sollen zunächst die wichtigsten Grundlagen der Verbrennung im Ottomotor zusammenfassend dargestellt werden, sowohl für den konventionellen fremdgezündeten Betrieb als auch für die kontrollierte Benzinselbstzündung.

2.1.1 Konventionelle ottomotorische Verbrennung

Beim konventionellen fremdgezündeten Ottomotor liegt zum Zündzeitpunkt im Brennraum ein nahezu homogenes, verdichtetes Kraftstoff-Luft-Gemisch in zündfähiger Zusammensetzung vor[6]. Durch eine elektrische Entladung zwischen den Elektroden der Zündkerze wird dem Gemisch dann lokal so viel Energie zugeführt, dass es zur Zündung und zur Ausbildung eines Flammenkerns kommt. Von diesem ausgehend kommt es dann zu einer Flammenausbreitung, durch die nach und nach der gesamte Brennraum erfasst wird. Da sie für das weitere Verständnis elementar sind, sollen die Vorgänge ab der Zündung im Einzelnen nachfolgend nochmals detailliert beschrieben werden.

2.1.1.1 Zündung und Flammenkernbildung

Durch das elektrische Feld, das von der Zündanlage zwischen den beiden Elektroden der Zündkerze aufgebaut wird, werden Ionen oder Elektronen im Gasgemisch auf ihrer freien Weglänge beschleunigt und kollidieren dabei mit Gasmolekülen. Durch den Stoß werden diese wiederum ionisiert und – je nach der kinetischen Energie des ankommenden Teilchens und der Bindungsenergie der Elektronen im Gasmolekül – eines oder mehrere Elektronen herausgelöst. Diese erfahren im elektrischen Feld ebenfalls eine Beschleunigung, sodass es zu einem

---

[6] Auf Besonderheiten der Verbrennung im Schichtbrennverfahren soll an dieser Stelle nicht vertieft eingegangen werden. Es sei hierzu auf [89] verwiesen.

selbstverstärkenden Effekt kommt. Durch diesen Vorgang der Stoßionisation[7] bildet sich schließlich innerhalb von Bruchteilen einer Mikrosekunden (etwa 10^{-8} s) ein Plasmakanal von etwa 40 µm Durchmesser auf der Funkenstrecke mit Temperaturen bis zu 60.000 K aus [27].

Nach diesem Durchbruchsvorgang kommt es an der Oberfläche des Plasmas zur Entflammung und zur Bildung eines Flammenkerns, während dem System durch die Bogen- beziehungsweise Glimmentladung des Zündfunkens weiterhin elektrische Energie zugeführt wird. Diese muss gemeinsam mit der durch die beginnenden chemischen Reaktionen freigesetzten Energie den Wärmestrom an die Zündkerzenoberflächen übersteigen, um ein stabiles Flammenkernwachstum zu ermöglichen [27], vergleiche *Abbildung 2.1*.

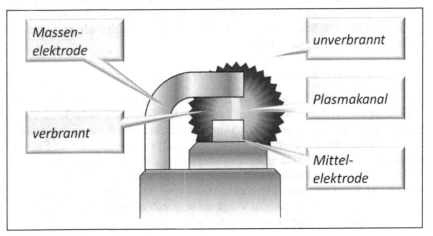

Abbildung 2.1:   Schematische Darstellung der Verhältnisse während der Flammen-kernbildung, nach [72]

Einen wesentlichen Einfluss auf die Ausbildung des Flammenkerns stellt dabei die lokale Strömungsgeschwindigkeit dar, die unter anderem vom globalen Turbulenzniveau abhängt. Zwar wird durch ein leichtes „Wegblasen" des Flammenkerns die Kontaktoberfläche mit der Zündkerze verkleinert und Faltungsvorgänge in der Flammenoberfläche sowie der Transport von Radikalen dorthin beschleunigt, gleichzeitig erhöht sich damit jedoch auch durch die erzwungene Konvektion die Wärmeübergangszahl an der Kontaktfläche zur Zündkerze [27]. Zudem kann es bei höheren Strömungsgeschwindigkeiten auch zum Funkenabriss kommen [89]. Spätestens dann dominiert der negative Effekt, sodass mit

---

[7]   Die Stoßionisation spielt bei vielen technischen Vorgängen eine Rolle. Vergleichbare Ereignisse laufen beispielsweise auch beim Einschalten einer Leuchtstoffröhre ab.

steigender Turbulenz eine immer höhere Zündenergie nötig wird, siehe *Abbildung 2.2*. Ebenfalls zu erkennen ist der mit zunehmendem Abstand vom stöchiometrischen Luftverhältnis gesteigerte Zündenergiebedarf.

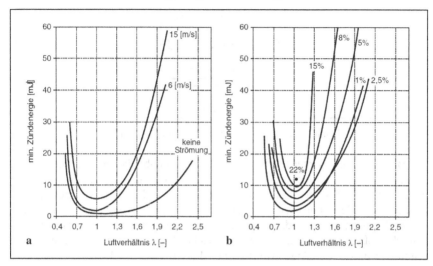

Abbildung 2.2: Minimaler Zündenergiebedarf in Abhängigkeit von Strömungsgeschwindigkeit (a) und Turbulenzintensität (b) für ein Propan-Luft-Gemisch bei p = 0,17 bar, aus [6]

2.1.1.2 Flammenausbreitung

Ausgehend vom Flammenkern kommt es zu einer laminar-turbulenten Flammenausbreitung in das homogene, vorgemischte Luft-Kraftstoffgemisch.

Zum Verständnis des zugrundeliegenden Mechanismus ist es sinnvoll, zunächst eine rein laminare Flammenausbreitung zu betrachten. Hierbei erfolgt ausgehend von einer heißen Reaktionszone durch die Mechanismen von Wärmeleitung und Diffusion eine Erwärmung8 der vorgelagerten Vorwärmzone, bis selbige ebenfalls zur Zündung kommt [27]. Die Flamme breitet sich dabei senkrecht zu ihrer Oberfläche ins Unverbrannte aus. Ein solcher Ausbreitungsmechanismus wird als Deflagration bezeichnet [50], vergleiche *Abbildung 2.3*. Zu beachten ist dabei, dass die Flammendicke sehr dünn ist und damit ein steiler Temperaturgradient vorliegt [27], während der Druck nahezu konstant ist [50].

---

8   Gleichzeitig werden durch die Diffusion auch chemisch aktive Spezies in die Vorwärmzone eingebracht, was die Zündung selbiger ebenfalls begünstigt.

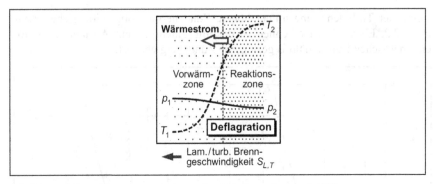

Abbildung 2.3:   Flammenausbreitung durch Deflagration, nach [50]

Bei einer turbulenten Flammenausbreitung bleibt dasselbe Grundprinzip enthalten, es kommt jedoch zu einer deutlichen Beschleunigung der Ausbreitung. Dabei wird die Flammenfront durch Wirbel des turbulenten Strömungsfelds gefaltet und in der Eindringzone findet eine Vermischung von Frischgemischballen mit dem Abgas statt, sodass die Flamme makroskopisch dicker wird und eine deutlich größere Oberfläche besitzt, vergleiche *Abbildung 2.4*. Die genaue Beschreibung dieser Vorgänge erfordert die Modellierung der Turbulenz, vergleiche Kapitel 2.2.2.

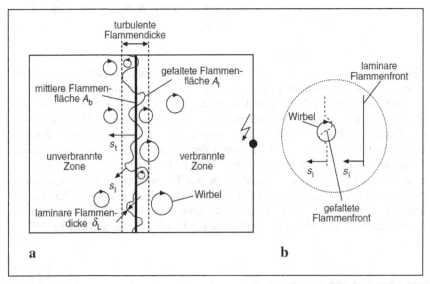

Abbildung 2.4:   Turbulente Flammenstruktur (a) und Modellvorstellung zur Faltung der laminaren Flammenoberfläche durch Wirbel (b), aus [27]

Die Flammenausbreitung läuft bei einer normalen Verbrennung prinzipiell nach diesem Mechanismus weiter, bis nahezu der gesamte Brennraum erfasst ist. In der letzten Ausbrandphase kann es jedoch zu Flammenlöschungen kommen [89] [69]:

- innerhalb eines Spaltes durch starke Abkühlung der Flammenfront, wodurch die Flamme nicht in den Spalt eindringen kann (insbesondere Feuersteg)

- bei Annäherung an kalte Brennraumwände („Wall-Quenching")

- durch zu niedrige Flammengeschwindigkeiten, bedingt durch zu starken Temperaturabfall während der Expansion oder lokal zu mageres Gemisch („Flame-Quenching")

Hierdurch kommt es zu einer unvollkommenen Verbrennung und zur Entstehung von Kohlenwasserstoffemissionen.

2.1.1.3 Verbrennungsanomalien

Neben dem oben beschriebenen normalen Vorgang der Verbrennung kann es auch zu davon abweichenden Verbrennungsabläufen kommen. Hierbei sind vor allem das Klopfen und Glühzündungen zu nennen.

Glühzündungen gehen von heißen Stellen im Brennraum aus, beispielsweise von den Elektroden der Zündkerze, den heißen Auslassventilen oder in den Brennraum hineinragenden scharfen Kanten [95]. Dabei kommt es durch die lokal hohen Temperaturen von über 1200 K zu einer Fremdzündung des anliegenden Gemischs, von der dem ausgehend es zu einer laminar-turbulenten Flammenfrontausbreitung ähnlich jener bei der normalen Verbrennung kommt [27]. Der Zeitpunkt der Glühzündung kann sowohl vor als auch nach dem Zündfunken liegen, ebenso ist nach einer Glühzündung auch noch ein nachfolgendes Klopfen möglich („klopfende Glühzündung").

Beim Klopfen handelt es sich um eine unkontrollierte Selbstzündung von unverbrannten, noch nicht von der Flamme erfassten Gemischbereichen gegen Ende der Verbrennung („Endgas"). Diese werden durch die fortschreitende Flammenfront aufgrund des Dichteunterschieds komprimiert und erhitzt, wobei sich die Vorreaktionen bis hin zur Selbstzündung intensivieren. Es entsteht dabei eine sekundäre Reaktionsfront, deren Geschwindigkeiten in weiten Grenzen von nur 10 m/s bis hin zu bis 2000 m/s variieren kann [50], siehe *Abbildung 2.5*. Dabei treten im Zylinderdruckverlauf charakteristische Druckschwingungen mit steilen Gradienten erkennbar, vergleiche *Abbildung 2.6*. Die dabei entstehenden Druckwellen können bei der Reflexion an Brennraumwänden Bauteilschäden verursachen und durch den damit einhergehenden Temperaturanstieg auch eine thermische Überlastung des Motors bewirken [89].

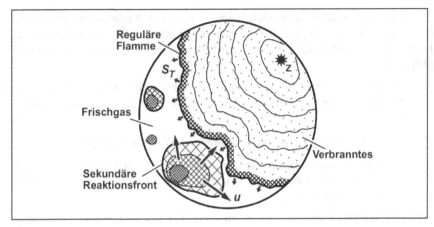

Abbildung 2.5: Selbstzündung im Endgasbereich und Ausbildung einer sekundären Reaktionsfront, aus [50]

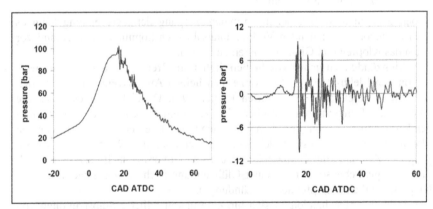

Abbildung 2.6: Druckverlauf und zugehöriges hochpassgefiltertes Signal einer klopfenden Verbrennung, aus [42]

Für die teilweise sehr hohen Geschwindigkeiten bei der klopfenden Verbrennung kann die Vorstellung von anlaufenden Detonationen als Vorstellung dienen, siehe *Abbildung 2.7*. Hierbei kommt es durch einen simultanen Umsatz größerer Gemischbereiche zu einem sich mit Überschallgeschwindigkeit ausbreitenden Verdichtungsstoß, der eine starke Temperaturerhöhung bewirkt und somit im Nachlauf eine Reaktionszone mit sich zieht [50]. Tatsächlich sind die im Endgasbereich ablaufenden Vorgänge komplexer und hängen von zahlreichen

Einflussfaktoren ab, insbesondere von Temperatur, Temperaturgradient und Volumen der selbstzündenden Endgastasche [50].

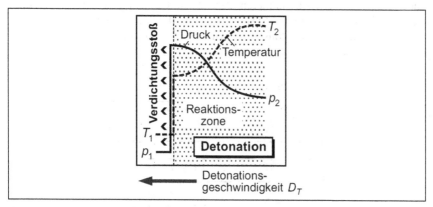

Abbildung 2.7:   Verbrennungsfortschritt durch Detonation, aus [50]

2.1.2   Kontrollierte Benzinselbstzündung

2.1.2.1   Theoretische Betrachtungen

Anders als bei der klopfenden Verbrennung treten bei der kontrollierten Benzinselbstzündung im Allgemeinen keine Schädigungen des Motors auf [65]. Dies erklärt sich zum einen dadurch, dass bei der kontrollierten Benzinselbstzündung in der Regel eine starke Gemischverdünnung vorliegt, die die lokale Wärmefreisetzung herabsetzt [89] und zum anderen durch die nahezu gleichzeitige, räumlich gleichmäßig verteilte Zündung an mehreren Orten bei der kontrollierten Benzinselbstzündung, die die Ausbildung einer schädlichen Detonationswelle verhindert [77].

Zur vertieften Erklärung dieser Zusammenhänge wird in der Literatur oftmals [89] [50] [5] eine von Zeldovich[9] entwickelte Modellvorstellung verwendet [102] [103]. Hierbei wird der Verbrennungsfortschritt in einem beheizten, einseitig offenen Rohr mit einem Kohlenwasserstoff-Luft-Gemisch betrachtet, entlang dessen Achse sich durch den Wärmeverlust am offenen Ende eine Temperaturverteilung mit einem gewissen, sehr kleinen Temperaturgradienten einstellen

---

[9]   Яков Борисович Зельдович (1914 -1987, weißrussisch Якаў Барысавіч Зяльдовіч, Transliteration nach ISO 9 Jakov Borisovič Zel'dovič, Transkription Jakow Borissowitsch Seldowitsch), sowjetischer Physiker, der bedeutende Beiträge zu den Bereichen Katalyse, Kernphysik, Teilchenphysik, Astrophysik, Kosmologie, allgemeinen Relativitätstheorie und Schockwellenforschung lieferte [31]. In der deutschsprachigen Literatur hat sich die auf der englischen Transkription Zel'dovich basierende Schreibweise Zeldovich durchgesetzt, die deshalb auch hier Verwendung findet.

kann, vergleiche *Abbildung 2.8*. Ist das Temperaturniveau ausreichend hoch, kommt es nach einer gewissen Zeit zur Selbstzündung am geschlossenen Rohrende, während die etwas kühleren Bereiche mit einem gewissen Zeitversatz nacheinander ebenfalls zünden. Damit läuft eine Reaktionszone mit einer sogenannten „spontanen Ausbreitungsgeschwindigkeit" durch das Rohr.

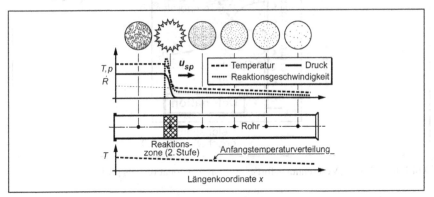

Abbildung 2.8:   Reaktionsfortschritt in einem beheizten Rohr mit der spontanen Ausbreitungsgeschwindigkeit, aus [50]

Für den vereinfacht als eindimensional betrachteten Fall lassen sich darauf aufbauend Modellrechnungen in Abhängigkeit des Temperaturgradienten entlang der Rohrachse durchführen. Dabei zeigt sich das in *Abbildung 2.9* dargestellte Verhalten.

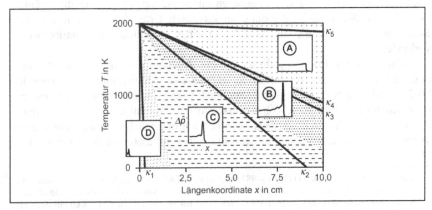

Abbildung 2.9:   Einfluss des Temperaturgradienten auf den Reaktionsfortschritt und die resultierende Druckamplitude, aus [50] basierend auf [102] [103]

Die einzelnen Bereiche in *Abbildung 2.9* können folgendermaßen erklärt werden [50]:

- Bereich A („thermische Explosion"): Durch den flachen Temperaturgradienten ist die spontane Ausbreitungsgeschwindigkeit sehr hoch – größer noch als die Detonationsgeschwindigkeit. Die infolge der nahezu simultanen Verbrennung einsetzende Druckwelle läuft daher hinter der Reaktionsfront und kann keine großen Druckamplituden verursachen.

- Bereich B („anlaufende Detonationen"): Die spontane Ausbreitungsgeschwindigkeit liegt in der Größenordnung der Schallgeschwindigkeit. Bei flacheren Temperaturgradienten an der Grenze zu A wird die Verbrennung bereits kurz vor der Selbstzündung stehender Gemischteile durch die Druckwelle verfrüht ausgelöst. Durch die Überlagerung der Drucksteigerungen von Detonationswelle und Reaktion können sehr hohe Druckausschläge entstehen.

- Bereich C („spontane Unterschallverbrennung"): Die spontane Ausbreitungsgeschwindigkeit liegt nun deutlich unter der Schallgeschwindigkeit und bestimmt wie im Bereich A den Verbrennungsfortschritt. Die gleichzeitig umgesetzte Masse ist aber deutlich geringer, so dass sich nur noch schwächere Druckwellen ausbilden, die die Zündung im Unverbrannten kaum noch beeinflussen, an der Grenze zum Bereich B aber noch merkliche Druckausschläge verursachen können.

- Bereich D („Deflagration"): Die spontane Ausbreitungsgeschwindigkeit liegt unterhalb der laminar-turbulenten Flammengeschwindigkeit. Der Verbrennungsvorgang wird durch den Wärmestrom vom Verbrannten ins Unverbrannte bestimmt, es treten keine nennenswerten Druckamplituden mehr auf.

Dieser einfache, eindimensionale Modellfall lässt sich selbstverständlich nicht vollkommen auf die realen Verhältnisse übertragen, kann aber beispielsweise erklären, warum die bei klopfender Verbrennung gemessenen Geschwindigkeiten beziehungsweise die Intensität des Klopfens in einem breiten Bereich variieren kann [50]. Ebenso kann der Versuch unternommen werden, die kontrollierte Selbstzündung in dieser Darstellung zu verorten. Während in einigen Veröffentlichungen [89] [5] [65] der Fall der thermischen Explosion als Idealvorstellung der kontrollierten Benzinselbstzündung bezeichnet wird, scheint es dem Verfasser nachvollziehbarer, dass das Äquivalent zur kontrollierten Benzinselbstzündung in dieser Darstellung im Bereich C zu finden ist, da eine Lokalisierung im Bereich A definitionsgemäß einer Überschallverbrennung entsprechen würde, was trotz der kürzeren Brenndauern bei der kontrollierten Benzinselbstzündung deutlich zu schnell wäre[10]. Grundsätzlich wird außerdem im Bereich C die Geschwindigkeit der Verbrennung ebenfalls maßgeblich durch die spontane Ausbreitungsgeschwindigkeit und damit den Temperaturgradienten bestimmt, sodass der Prozess als sequentielle Selbstzündung begriffen werden kann. Nicht zuletzt wird damit auch verständlich, wie der Übergang von der kontrollierten Selbstzündung zur laminar-turbulenten Flammenausbreitung und das Auftreten von Mischformen der beiden, das experimentell beobachtet werden konnte [49] [77], vergleiche *Abbildung 2.10*, vonstattengehen kann, ohne den Bereich der „anlaufenden Detonationen" zu durchlaufen.

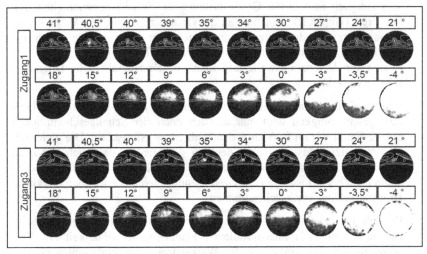

Abbildung 2.10: Visualisierung des Verbrennungsfortschritts mit Lichtleiterendoskopen und Photomultiplierkameras bei kontrollierter Benzinselbstzündung in einem Betriebspunkt mit Zündfunkenunterstützung; Kurbelwinkelangaben in °KW v. ZOT, Zündwinkel 45° KW v. ZOT, aus [77]

Gleichzeitig eröffnet eine solche Betrachtung auch einen alternativen Blickwinkel, wonach sich die kontrollierte Benzinselbstzündung von der laminar-turbulenten Flammenausbreitung anstatt von der Vorstellung einer simultanen Selbstzündung kommend betrachten lässt. Für die Vorstellung einer solchen „modifizierten" laminar-turbulenten Flammenausbreitung zur Beschreibung der

---

[10] Bei einer angenommenen Schallgeschwindigkeit von 600 m/s, was in etwa der Schallgeschwindigkeit trockener Luft bei 900 K entspricht, müsste der Reaktionsfortschritt bei einer Drehzahl von 2000 min^{-1} innerhalb von nur 1° Kurbelwinkel bereits 50 mm betragen, womit bei der typischen Größe eines Pkw-Motors bei einer Überschallverbrennung Brenndauern im Bereich weniger Grad Kurbelwinkel zu erwarten wären.

kontrollierten Benzinselbstzündung sind zwei Aspekte wesentlich, die eine Beschleunigung des Reaktionsfortschritts erklären können:

■ Vorhandensein mehrerer Zündorte

■ Beschleunigung der laminar-turbulenten Flammenausbreitung

Das der erste Punkt zu einer Beschleunigung der Verbrennung führt ist unmittelbar einsichtig. *Abbildung 2.11* veranschaulicht dabei, wie durch das Erhöhen der Zündkerzenzahl auf den Grenzfall der Selbstzündung extrapoliert werden kann.

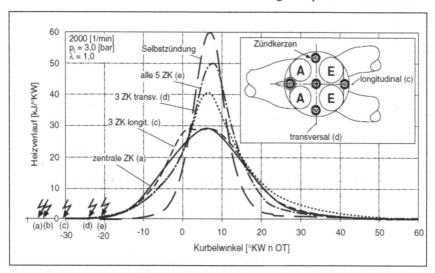

Abbildung 2.11: Verbrennungsablauf bei Mehrfachzündung, aus [27]

Auch der zweite Punkt ergibt sich unmittelbar aus der grundsätzlichen Charakteristik der Flammenausbreitung: Da sie, wie bereits dargestellt auf der Wärmeleitung vom Verbrannten ins Unverbrannte beruht, ist zu erwarten dass ihre Geschwindigkeit in erster Linie von der Gesamtwärmemenge abhängt, die nötig ist, um die Vorwärmzone zur Zündung zu bringen. Damit folgt aber automatisch eine deutliche Reduzierung der dazu benötigten Zeitspanne, sofern im Unverbrannten und damit auch in der Vorwärmzone bereits Vorreaktionen stattgefunden haben und damit ohnehin bereits nahe der Selbstzündung ist. Es kann also eine Abhängigkeit der Flammengeschwindigkeit vom Vorreaktionsniveau im Unverbrannten angenommen werden[11], wie er schematisch in *Abbildung 2.12*

---

[11] Eine solche Abhängigkeit wird in der Regel bei Messungen der laminaren Flammengeschwindigkeit nicht untersucht, da das Unverbrannte zum Erhalt reproduzierbarer Bedingungen vor der Zündung auf niedrige Ausgangstemperaturen konditioniert wird.

dargestellt ist. Ein hohes Vorreaktionsniveau entspricht dabei einem kleinen Temperaturgradienten, wenn man von einer monotonen Temperaturverteilung wie in *Abbildung 2.8* ausgeht.

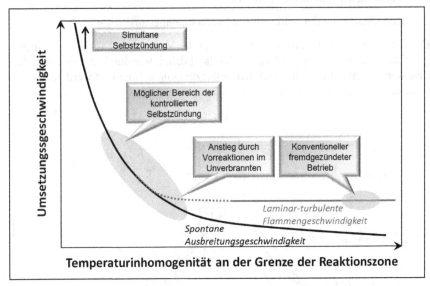

Abbildung 2.12:   Möglicher Zusammenhang zwischen laminar-turbulenter Flammengeschwindigkeit und spontaner Ausbreitungsgeschwindigkeit

Letztlich lassen sich beide Vorstellungen zusammenführen, wonach sich die kontrollierte Benzinselbstzündung als ein sequentieller Selbstzündprozess begreifen lässt, in dem früher zündende Bereiche die Selbstzündung noch unverbrannter Bereiche durch zwei Mechanismen beschleunigen können:

- durch die Verdichtung und die folgliche Erwärmung und Druckerhöhung des Unverbrannten in Folge der Expansion des Verbrannten, was ohne örtlichen Bezug sich auf alle Bereiche des Unverbrannten gleichermaßen auswirkt

- durch die Wärmeleitung vom Verbrannten in unmittelbar benachbarte Bereiche, was prinzipiell dem Mechanismus der Flammenausbreitung, mit allerdings deutlich geringerem Temperaturgradienten in der Reaktionszone, entspricht

Letztlich stellt sich die Frage, wie bedeutend der Anteil der Wärmeleitung an der Zündung unverbrannter Gemischbereiche ist. Dies wiederum hängt stark von den Randbedingungen ab, wonach bei niedrigem Vorreaktionsniveau die Wärmeleitung dominiert und mit steigendem Vorreaktionsniveau ab einem gewissen Punkt vernachlässigbar wird, an dem die Volumenreaktion des benachbarten Gemischs bereits stattfindet, bevor ein signifikanter Wärmestrom übertragen wurde.

Visualisierungen der Verbrennung bei kontrollierter Benzinselbstzündung lassen hierzu keine eindeutigen Rückschlüsse zu, vergleiche *Abbildung 2.13*. Die Tatsache, dass die zündenden Bereiche teilweise sehr stark räumlich zusammenhängen, lässt sich sowohl als ein Indiz für einen signifikanten Einfluss der Wärmeleitung sehen als auch darüber erklären, dass in Folge des Strömungsfelds während des Ladungswechsels zusammenhängende Bereiche mit ähnlicher Temperatur und ähnlichem Restgasgehalt existieren.

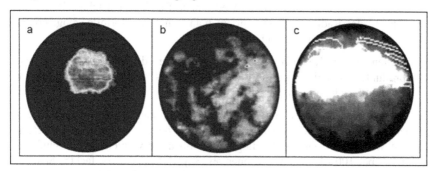

Abbildung 2.13:   Verbrennungsvisualisierungen: (a) konventionelle fremdgezündeter Betrieb, aus [43], (b) kontrollierter Benzinselbstzündung, aus [43], (c) kontrollierte Benzinselbstzündung, aus [77]

In jedem Fall bleibt festzuhalten, dass der Reaktionsfortschritt bei der kontrollierten Benzinselbstzündung in hohem Maße von den zur Selbstzündung führenden Reaktionen und den im Brennraum herrschenden Temperaturinhomogenitäten bestimmt wird. Beides soll im Folgenden noch ausführlicher diskutiert werden.

2.1.2.2   Reaktionskinetik

Anders als es einfache Bruttoreaktionen suggerieren läuft bei der Verbrennung von Kohlenwasserstoffen eine hohe Anzahl komplexer chemischer Reaktionen unter Beteiligung hunderter verschiedener Spezies ab [39]. Hierfür liegen in der Literatur detaillierte Reaktionsmechanismen, etwa in [25], vor sowie reduzierte Varianten (beispielsweise in [39] [105]), die versuchen, durch Beschränkung auf die zeitbestimmenden Reaktionen das reale Zündverhalten mit deutlich weniger Reaktionen und Spezies abzubilden.

Grundsätzlich läuft die Verbrennung von Kohlenwasserstoffen stets nach dem Schema der Radikalkettenreaktion ab [92], das im Folgenden kurz skizziert werden soll [27] [89]:

■   Ketteneinleitung: Während diesen, sehr langsam ablaufenden Schritts, werden aus stabilen Kraftstoffmolekülen Radikale[12], vor allem Wasserstoffradikale [65], gebildet.

■   Kettenfortpflanzung und -verzweigung: Durch Interaktion der Radikale mit stabilen Teilchen werden reaktive Zwischenprodukte (unter anderem Peroxide, Aldehyde und Ketone) gebildet, die wiederum mit weiteren Teilchen weiterreagieren können, wobei wieder neue Radikale entstehen. Bleibt die Anzahl der Radikale gleich, spricht man von Kettenfortpflanzung, erhöht sie sich von Kettenverzweigung.

■   Kettenabbruch: Reagieren Radikale miteinander oder mit aktiver Zwischenprodukten, reduziert sich die Radikalanzahl und die Kettenreaktion kommt nach und nach zum Erliegen.

Der grundsätzliche Ablauf von Radikalkettenreaktionen kann verständlich am einfachen Beispiel der Knallgasreaktion nachvollzogen werden, siehe *Abbildung 2.14*. In Wirklichkeit laufen allerdings selbst für diese vergleichsweise einfache Reaktion über 100 Elementarreaktionen ab [32]. Ein stark vereinfachtes Schema des Reaktionsablaufs für Kohlenwasserstoffe zeigt *Abbildung 2.15*.

Kettenstart	H_2	$\rightarrow$	$H \cdot + \cdot H$
Kettenverzweigung	$H \cdot + O_2$	$\rightarrow$	$\cdot OH + O \cdot$
Kettenfortpflanzung	$OH \cdot + H_2$	$\rightarrow$	$H_2O + H \cdot$
Kettenabbruch	$OH \cdot + \cdot H$	$\rightarrow$	H_2O

Abbildung 2.14:   Elementarreaktionen bei der Knallgasreaktion, nach [32]

---

[12] Radikale sind kurzlebige Verbindungen mit ungesättigten Valenzen, die sehr reaktionsfreudig sind.

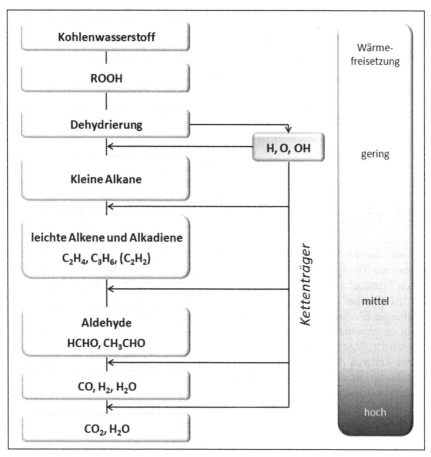

Abbildung 2.15: Schematischer Reaktionsablauf für die Verbrennung von Kohlenwasserstoffen, nach [62]

Der genaue Ablauf der Vorreaktionen ist bei Radikalkettenreaktionen stark von Temperatur und Druck abhängig, da sich die Gleichgewichtskonstanten der einzelnen Elementarreaktionen nach dem Prinzip von Le Chatelier[13] in Abhängigkeit von Druck und Temperatur verändern können und damit je nach Randbedingungen Kettenverzweigungs- oder Kettenabbruchsreaktionen dominieren können. Damit ergibt sich ein Verhalten, wie es in *Abbildung 2.16* dargestellt ist.

---

[13] Nach Henry Louis Le Châtelier (1850 – 1936), französischer Chemiker.

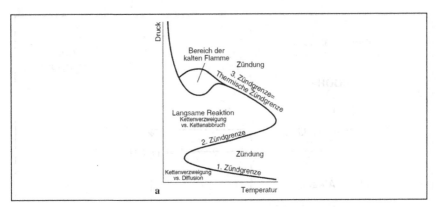

Abbildung 2.16: Schematische Darstellung des Zündverhaltens von Kohlenwasserstoffen in Abhängigkeit von Druck und Temperatur, aus [39]

Für die im Verbrennungsmotor vorherrschenden Bedingungen ist nur die
thermische Zündgrenze relevant [27]. Offensichtlich kann dabei der „Bereich der
kalten Flamme" (auch „cool flame" oder „blue flame" [32] genannt) durchlaufen
werden. Hierbei kommt es nach einer ersten Wärmefreisetzung durch einzelne
exotherme Elementarreaktionen zu einem Temperaturanstieg, der das Gleichge-
wicht so verschiebt, dass der Kettenverzweigung zunächst die Grundlage entzo-
gen wird („degenerierte Kettenverzweigung") [89]. Erst danach kommt es mit
einem weiteren Anstieg der Temperatur dann zu einer schnellen Fortsetzung der
Kettenreaktion, der eigentlichen Zündung, siehe *Abbildung 2.17*.

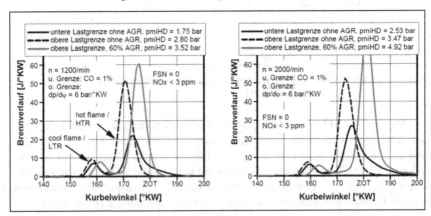

Abbildung 2.17: Typische Brennverläufe bei der homogenen Dieselverbrennung (aus
[38])

Ein solches Verhalten äußert sich in Darstellung des Zündverzugs über der Temperatur in einem Bereich mit negativem Temperaturkoeffizienten, bei dem der Zündverzug trotz steigender Temperatur größer wird [89]. Es ist allerdings nicht für alle Kohlenwasserstoffe gleich stark ausgeprägt, für kurze und stark verzweigte Moleküle kann mitunter gar kein Bereich mit negativem Temperaturkoeffizienten identifiziert werden [27]. *Abbildung 2.18* zeigt die entsprechenden Diagramme für Isooktan, das stellvertretend für Benzin gesehen werden kann, und n-Heptan als typischem Bestandteil von Dieselkraftstoff. Deutlich ist der Bereich mit negativem Temperatur-Koeffizienten bei n-Heptan zu erkennen, während für das stärker verzweigte Isooktanmolekül im entsprechenden Bereich nur eine deutlich verminderte Temperaturabhängigkeit auszumachen ist.

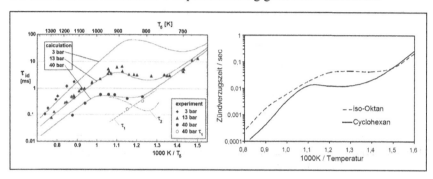

Abbildung 2.18:   Zündverzugszeiten für n-Heptan (links, aus [70]), Isooktan und Cyclohexan (rechts, aus [78])

2.1.2.3   Temperaturinhomogenitäten

Anders als beim Druck wird sich im realen Motor nie im gesamten Brennraum eine einheitliche Temperatur ausbilden, da zum einen Temperaturausgleichsvorgänge deutlich mehr Zeit benötigen als Druckausgleichsvorgänge und sich zum anderen infolge des Wärmestroms über die Brennraumwände eine Temperaturgrenzschicht ausbildet. Daneben können Temperaturunterschiede im Brennraum auch durch eine Ladungsschichtung mit Restgas entstehen, wie sie bei der kontrollierten Benzinselbstzündung häufig vorkommt (siehe Kapitel 2.1.2.4) beziehungsweise das Temperaturfeld wird ganz allgemein durch das Strömungsfeld beeinflusst.

Bezüglich des Wandeinflusses auf die Temperaturverteilung im Brennraum ist zu bedenken, dass sich die Temperatur der Brennraumwände infolge der größeren thermischen Trägheit deutlich langsamer verändert als die Gastemperatur[14]. Infolgedessen ändert der Wärmestrom beim Übergang zum Ladungswechsel sein Vorzeichen und wirkt von der Wand auf das Brennraumgas, womit das wandnahe Gas aufgeheizt wird („Wandheizwirkung") [65]. Während der Kompression drehen sich diese Verhältnisse natürlich wieder um, womit die wandnahen Bereiche sich im Vergleich zum restlichen Gas weniger stark erhitzen und es zu einem Anstieg der Streuung in der Temperatur kommt. Bemerkenswert ist, dass es im Übergangsbereich von der Temperaturgrenzschicht zur Brennraummitte durchaus zu einer Temperaturüberhöhung kommen kann, die sich daraus erklärt, dass die während des Ladungswechsels durch die Wandheizwirkung erhitzen Bereiche einen Teil ihres Temperaturvorsprungs auch während der Kompression bewahren können [65], siehe *Abbildung 2.19*.

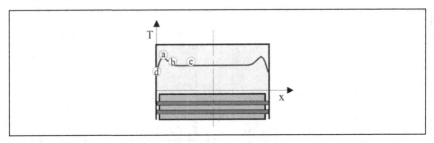

Abbildung 2.19:   Überhöhte Darstellung der Temperaturverteilung während der Kompressionsphase, aus [65]

Messungen zeigen, dass der zu erwartende Wandeinfluss auf die Temperaturstreuung tatsächlich vorhanden ist, siehe *Abbildung 2.20*. Deutlich ist die Zunahme der Streuung zu erkennen. Die Standardabweichung der Temperaturverteilung liegt dabei gegen Kompressionsende der Größenordnung nach zwischen 10 K [11] und 15 K [60].

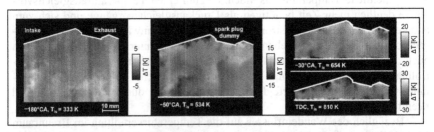

Abbildung 2.20:   Ergebnisse einer Temperaturmessung im Brennraum während der Kompression, aus [11]

---

[14]   Tatsächlich kann die Wandtemperatur bei stationären Vorgängen in guter Näherung als konstant betrachtet werden.

2.1.2.4   Konzepte zur Verbrennungsregelung

Da anders als beim konventionellen fremdgezündeten Ottomotor der Verbrennungsbeginn nicht mehr direkt über den Zündfunken festgelegt werden kann, muss versucht werden, die Verbrennungslage über eine Kombination mehrerer Stellgrößen zu regeln. Hierzu erscheinen zwei grundsätzliche Wege möglich: die Beeinflussung des zeitlichen Temperaturverlaufs und die Beeinflussung der Selbstzündungsneigung des Gemischs [89]. *Abbildung 2.21* zeigt eine Übersicht der in verschiedenen Untersuchungen angewandten Eingriffsmöglichkeiten. Hervorzuheben ist, dass eine Variation der Abgasrückhaltung sich als einzige Maßnahme über beide Pfade auf die Verbrennung auswirken kann.

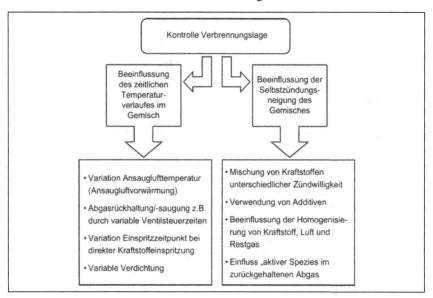

Abbildung 2.21:   Parameter zur Kontrolle der Verbrennungslage, aus [89]

Entsprechend stellt die Variation des Restgasgehalts auch einen der am häufigsten eingesetzten Stellgrößen dar. Da Benzin im Vergleich zu Dieselkraftstoff deutlich zündunwilliger ist, muss, um überhaupt eine Selbstzündung zu erreichen, die Kompressionsendtemperatur gegenüber der konventionellen fremdgezündeten Betriebsart deutlich gesteigert werden. Da dies über eine externe Abgasrückführung, bei der das Abgas stark abkühlen würde, nicht möglich ist, muss auf variable Ventiltriebe zurückgegriffen werden [63]. Hierbei können verschiedene Restgasstrategien verwendet werden, die sich hinsichtlich der erzielten Temperatur und dem Grad der Schichtung unterschieden, siehe *Abbildung 2.22*.

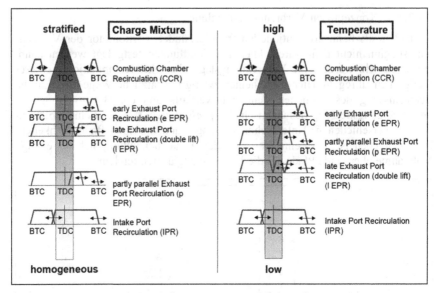

Abbildung 2.22: Unterschiedliche Restgasstrategien und deren Auswirkungen auf Temperatur und Gemischschichtung, aus [56]

Die Anwendung einer Direkteinspritzung bietet weitere Freiheitsgrade, auf die Temperaturhistorie Einfluss zu nehmen und wird ebenfalls in zahlreichen Veröffentlichungen als Einflussparameter genannt [77] [5] [53]. Je nach Einspritzlage und -strategie kann die Direkteinspritzung auch zur Erzeugung von Kraftstoffinhomogenitäten und zur Ermöglichung einer zweiten Verbrennung während der negativen Ventilüberschneidung bei der Brennraumrückhaltung genutzt werden, mit dem wiederum Einfluss auf die Lage der Hauptverbrennung genommen werden kann [5].

In anderer Weise wirkt sich ein unterstützender Zündfunken auf die Verbrennungslage aus. Während teilweise der Energieeintrag durch den Zündfunken für den Einfluss verantwortlich gemacht wird [5], kann in [77] eine Flammenfrontausbreitung ausgehend von der Zündkerze nachgewiesen werden.

Während eine Variation der Ansauglufttemperatur wegen der schlechten Dynamik eher für Grundlagenuntersuchungen [88] [64] [88] als für Anwendungen interessant ist, könnte eine Kombination der kontrollierten Benzinselbstzündung mit einer Aufladung [21] [46] oder einem variablen Verdichtungsverhältnis [40] [97] praxisrelevant sein, sofern in Zukunft für Letzteres geeignete Systeme mit akzeptablen Werten in den Bereichen Komplexität, Kosten und zusätzlicher und Reibung zur Verfügung stehen [73].

Hinsichtlich des Verständnisses der kontrollierten Benzinselbstzündung ist noch erwähnenswert, dass sich die Reaktionskinetik nicht nur durch Änderung der Kraftstoffzusammensetzung [29] [48] beeinflussen lässt, sondern auch durch andere Additive. So zeigt die Beeinflussungsmöglichkeit durch eine die Beimischung von Ozon in die Ansaugluft, dass Radikale für die Zündverzugszeit eine bedeutende Rolle spielen [61].

Abschließend zeigt *Abbildung 2.23* ein mögliches Betriebskennfeld für die Betriebsart kontrollierte Benzinselbstzündung. Die Auswirkungen unterschiedlicher Betriebsstrategien auf die erreichbaren Betriebsbereiche sind klar zu erkennen. Weitere Möglichkeiten zur Stabilisierung und Erweiterung der Betriebsbereiche stellen sogenannt Mehrtaktverfahren dar. So wurde beispielsweise ein Sechstakt-Verfahren vorgeschlagen, bei dem nach dem Ladungswechsel zunächst eine geschichtete, magere fremdgezündete Verbrennung erfolgt, bevor in nach der nächsten Kompression in deren heißem Abgas dann im nächsten oberen Totpunkt eine selbstgezündete Verbrennung stattfindet [100] [56]. Ebenso ist ein Zweitakt-Verfahren ähnlich der Strategie Brennraumrückhaltung denkbar, bei dem im jeden oberen Totpunkt eine gleichstarke Verbrennung stattfindet und die Ventile – ähnlich der Schlitzsteuerung bei einem „echten" Zweitaktmotor – nur kurz um den unteren Totpunkt geöffnet sind [56].

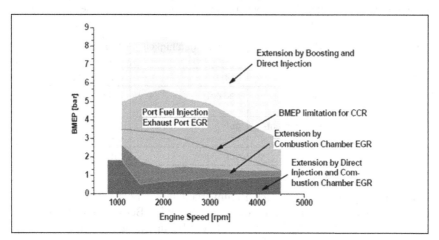

Abbildung 2.23: Mögliche Betriebsbereiche der kontrollierten Selbstzündung in Abhängigkeit der Betriebsstrategie, aus [14]

2.2 Reale Arbeitsprozessrechnung

Die Berechnung der innermotorischen Vorgänge umfasst sowohl die Berechnung der Ladungswechselvorgänge im Niederdruckteil, in dem mindestens ein Ventil geöffnet ist, als auch die Berechnung der Verbrennung im Hochdruckteil bei geschlossenen Ventilen. Je nach Berechnungsziel kann dabei nochmals unterschieden werden zwischen der Analyse (Her-Rechnung) und der Simulation (Hin-Rechnung). Konkret bezogen auf den Hochdruckteil bedeutet dies im ersten Fall, dass aus einem bekannten Druckverlauf unter bestimmten thermodynamischen Annahmen ein Brennverlauf berechnet wird (Druckverlaufsanalyse) und im zweiten Fall, dass aus einem mittelbar oder unmittelbar bekannten Brennverlauf – ebenfalls entsprechend den Gesetzen der Thermodynamik – der Druckverlauf berechnet wird (Arbeitsprozessrechnung).

Während im Fall der Druckverlaufsanalyse der zur Berechnung benötigte Zylinderdruckverlauf in der Regel immer am Prüfstand durch Indizierung bestimmt werden kann, stellt sich bei der Simulation die Frage, welche Gesetzmäßigkeit für den Brennverlauf verwendet werden soll. Einen Überblick hierzu zeigt *Tabelle 2.1*.

Tabelle 2.1: Übersicht über Klassen von Brennverlaufsmodellen im Rahmen der Arbeitsprozessrechnung

Typ	Beispiel	Vorhersagefähigkeit	Typische Rechenzeiten
empirisch	Vibe	keine	Sekundenbruchteile
empirisch mit Funktionsteil	Witt	bedingt	Sekundenbruchteile
phänomenologisch	Entrainment-Modell	gut	Sekundenbruchteile bis Sekunden
3D-CFD	-	gut	Stunden bis Tage

Eine erste einfache Möglichkeit würde darin bestehen, den zuvor in der Druckverlaufsanalyse berechneten Brennverlauf fest vorzugeben. Damit würde aber dann eine „Nachsimulation" des entsprechenden Betriebspunkts erfolgen. Eine sinnvolle Anwendung hierfür könnte die Bestimmung bestimmter Größen sein, die bei der Messung am Prüfstand nicht ermittelt wurden, der Nutzen ist aber ansonsten sehr eingeschränkt.

Damit wird es nötig, den Brennverlauf in geeigneter Weise zu modellieren. Die einfachste Möglichkeit hierzu stellen empirische Brennverlaufsmodelle dar. Sie bestehen meist aus einer mathematischen Funktion mit verschiedenen Parametern, durch deren Anpassung der aus der Druckverlaufsanalyse bestimmte Brennverlauf approximiert werden kann. Bekanntester Vertreter dieser auch als

Ersatzbrennverlauf bezeichneten Klasse ist der Brennverlauf nach Vibe[15] [91]. Die typische Form, insbesondere von ottomotorischen Brennverläufen, kann zwar so gut wiedergegeben werden, die fehlende Vorhersagefähigkeit, die im Grunde eine separate Abstimmung für jeden Betriebspunkt erfordert, schränkt den Nutzen aber stark ein. Im Zuge dessen wurden Erweiterungen entworfen, die es über einen empirischen Funktionsteil ermöglichen sollen, die Approximationsparameter in Abhängigkeit von den Randbedingungen zu verändern [96] [23] [45]. Damit wird eine gewisse, wegen der rein empirischen Abhängigkeit vom zur Modellentwicklung genutzten Motor allerdings deutlich eingeschränkte Vorhersagefähigkeit geschaffen.

Einen großen Nutzen für die Motorentwicklung bringen dagegen phänomenologische Brennverlaufsmodelle, zu denen auch das in diesem Vorhaben entwickelte Modell gehört. Sie versuchen, die für den Verbrennungsfortschritt maßgeblichen physikalischen und chemischen Effekte direkt abzubilden und so eine möglichst universelle Vorhersagefähigkeit für das beschriebene Brennverfahren zu erreichen. Sie ermöglichen in der Regel nach einer einmaligen Abstimmung der Modellparameter die Simulation im gesamten Betriebskennfeld des untersuchten Motors. Verbunden mit der meist geringen Rechenzeit – typischerweise im Sekunden- oder Zehntelsekundenbereich – und gleichzeitig guter Ergebnisqualität erklärt sich somit der breite Einsatz dieser Modellklasse [36] [4].

Eine noch detailliertere Beschreibung der Vorgänge im Brennraum kann mithilfe von 3D-CFD-Modellen erfolgen. Sie diskretisieren den Brennraum in eine große Anzahl von Zellen, für die dann jeweils alle Zustandsgrößen unter Berücksichtigung der Erhaltungsgleichungen und weiterer Gesetzmäßigkeiten berechnet werden. Die Rechenzeiten für ein einzelnes Arbeitsspiel liegen im Unterschied zu den phänomenologischen Modellen allerdings eher im Bereich von Tagen als von Sekunden [19], sodass diese Modellklasse grundsätzlich ein anderes Anwendungsspektrum abdeckt. So wird es beispielsweise eher für detaillierte Geometrieoptimierungen geeignet sein als für eine erste Auslegung des Motorkonzepts.

---

[15] Иван Иванович Вибе (1902-1969, Transliteration nach ISO9 Ivan Ivanovič Vibe, Transkription Iwan Iwanowitsch Wibe), sowjetischer Ingenieur; bezüglich der Schreibweise seines Nachnamens herrscht oft Konfusion: die in der deutschen Erstübersetzung verwendete Schreibweise „Wiebe" ist eigentlich nicht korrekt, entspricht aber vermutlich der ursprünglichen Namensschreibweise seiner deutschen Vorfahren und setzte sich in der Folge im englischen Sprachraum durch. Daneben finden sich auch die Formen Weibe und Viebe, die vermutlich ebenfalls durch Fehler entstanden sind, und selbst im Russischen werden teilweise durch Rückübersetzung der lateinischen Varianten mittlerweile fehlerhafte Schreibweisen verwendet [30].

2.2.1 Thermodynamische Grundlagen

Für die Beschreibung der Vorgänge im Verbrennungsmotor kommt den Gesetzen der Thermodynamik eine entscheidende Bedeutung zu. Sie werden beispielsweise in [71] [44] [35] ausführlich beschrieben und sollen im Folgenden nochmals knapp dargestellt werden.

Ausgangspunkt der thermodynamischen Modellierung ist der Begriff des Systems. Ein System stellt einen Bilanzraum dar, der durch eine eindeutig definierte Systemgrenze das Systeminnere von der Umgebung trennt. Je nachdem, ob die Systemgrenze für Massenströme durchlässig ist oder nicht, können offene[16] und geschlossene Systeme unterschieden werden. Im Rahmen der Modellierung von Verbrennungsmotoren ist es desweiteren hilfreich, den Druck innerhalb eines Systems als örtlich konstant (aber zeitlich veränderlich) festzulegen und nur gasförmige Komponenten als dem System zugehörig zu definieren [35]. Einem System kann jeweils Energie (meist in der Form von Arbeit oder Wärme) oder – im Falle des offenen Systems – Materie zu- oder abgeführt werden, wobei eine Zufuhr stets mit einem positiven, eine Abfuhr mit einem negativen Vorzeichen bilanziert wird. Daraus ergibt sich bereits eine mögliche Modellierung des Brennraums als thermodynamisches System, siehe *Abbildung 2.24*.

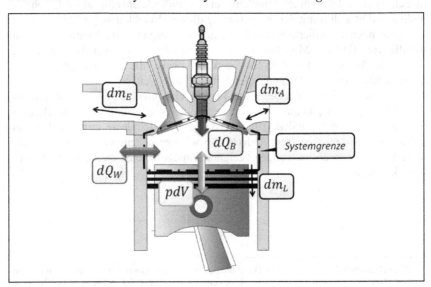

Abbildung 2.24: Beschreibung des Brennraums als thermodynamisches System, nach [35]

---

[16] Offene Systeme werden auch als „Kontrollraum" bezeichnet. Geschlossene Systeme können auch als Sonderfälle von offenen Systemen behandelt werden.

Ein System kann weiterhin in unterschiedliche Zonen unterteilt werden. Einzelne Zonen können sich hinsichtlich ihrer Temperatur und Gaszusammensetzung voneinander unterscheiden, haben aber immer denselben Druck, da dieser ja im gesamten System gelten muss. Innerhalb der Zonen selbst herrscht dagegen Homogenität, das heißt eine einheitliche Zonentemperatur und -zusammensetzung. Desweiteren muss die Einteilung in Zonen so vorgenommen werden, dass jeder Bereich des Systems zu einer Zone gehört und sich die einzelnen Zonen nicht überlappen dürfen. Auf diese Weise wird zum Beispiel sichergestellt, dass die Summe der Massen der einzelnen Zonen der Gesamtmasse des Systems entspricht. Die häufigsten Arten, das System Brennraum in Zonen zu unterteilen, bestehen in der einzonigen Modellierung, bei der also vollständige Homogenität im gesamten Brennraum angenommen wird, und der zweizonigen Modellierung, mit der während der Verbrennung zwischen einer verbrannten und einer unverbrannten Zone unterschieden werden kann, vergleiche Kapitel 2.2.2.

Für jede Zone des Systems müssen zu jedem Zeitpunkt die beiden Erhaltungssätze von Energie (1. Hauptsatz der Thermodynamik) und Masse sowie die thermische Zustandsgleichung erfüllt sein. In einer für den Verbrennungsmotor günstigen Form lassen sie sich anschreiben als:

$$\frac{dQ_B}{d\varphi} + \frac{dQ_W}{d\varphi} + p \cdot \frac{dV}{d\varphi} + h_A \cdot \frac{dm_A}{d\varphi} + h_E \cdot \frac{dm_E}{d\varphi} + h_A \cdot \frac{dm_L}{d\varphi} = \frac{dU}{d\varphi} \qquad (2.1)$$

$\dfrac{dQ_B}{d\varphi}$	Brennverlauf [J/°KW]
φ	Kurbelwinkel [°KW]
$\dfrac{dQ_W}{d\varphi}$	Wandwärmestrom [J/°KW]
p	Druck [Pa]
$\dfrac{dV}{d\varphi}$	Volumenänderung [m³/°KW]
h_A	spezifische Abgasenthalpie [J/kg]
$\dfrac{dm_A}{d\varphi}$	Auslassmassenstrom [kg/°KW]
h_E	spezifische Ansaugenthalpie [J/kg]
$\dfrac{dm_E}{d\varphi}$	Einlassmassenstrom [kg/°KW]
$\dfrac{dm_L}{d\varphi}$	Leckagemassenstrom [kg/°KW]
$\dfrac{dU}{d\varphi}$	Änderung der inneren Energie [J/°KW]

$$\frac{dm_{Zyl}}{d\varphi} = \frac{dm_E}{d\varphi} + \frac{dm_A}{d\varphi} + \frac{dm_L}{d\varphi} + \frac{dm_B}{d\varphi} \tag{2.2}$$

$\frac{dm_{Zyl}}{d\varphi}$ Änderung der Zylindermasse [kg/°KW]

$\frac{dm_B}{d\varphi}$ Einspritzmassenstrom [kg/°KW]

$$p \cdot V = m_{Zyl} \cdot R \cdot T \tag{2.3}$$

    V Volumen [m³]

    m_{Zyl} Zylindermasse [kg]

    R individuelle Gaskonstante [J/(kg·K)]

    T Temperatur [K]

Da während der Verbrennung die Ventile in der Regel geschlossen sind und der Leckagemassenstrom meist vernachlässigt werden kann, vereinfachen sich die Gleichungen im Hochdruckteil weiter. Aus dem 1. Hauptsatz der Thermodynamik, Gleichung (2.1), folgt dann, dass bei Kenntnis der Stoffeigenschaften (innere Energie, Enthalpie und spezielle Gaskonstante) und der Wandwärmeverluste zur Berechnung des Druckverlaufs lediglich noch der Brennverlauf benötigt wird, vergleiche Kapitel 2.2.2.

Die Berechnung der Wandwärmeverluste und der Stoffeigenschaften wird in [8] [35] ausführlich diskutiert[17]. Sie ist im FVV-Zylindermodul [35], das im Rahmen dieser Arbeit verwendet wurde, ebenso integriert wie die eigentliche thermodynamische Berechnung, sodass es im Folgenden primär nur noch um die Modellierung des Brennverlaufs gehen soll.

2.2.2 Phänomenologische Modellierung der konventionellen ottomotorischen Verbrennung

Aufbauend auf den Erkenntnissen der laminar-turbulenten Flammenausbreitung, vergleiche Kapitel 2.1.1.2, kann die Verbrennung im konventionell fremdgezündeten Ottomotor mithilfe des Entrainmentmodells[18] beschrieben werden [86] [66] [35]. Der prinzipielle Aufbau und die bestimmenden Gleichungen sollen

---

[17]   Besonderheiten im Wandwärmeübergang bei der kontrollierten Benzinselbstzündung werden unter anderem in [84] [18] [41] diskutiert. Teilweise sind hierzu neue Wandwärmeübergangsmodelle entworfen worden. Im Rahmen dieses Vorhabens wurde mit einem Ansatz nach [8] gerechnet, für den gezeigt wurde, dass er mit geringen Veränderungen [10] auch für Brennverfahren mit homogener Kompressionszündung gute Ergebnisse liefert.

[18]   Die Bezeichnung basiert auf dem englischen Verb *to entrain* („mitreißen") und betont damit die Vorstellung des „Mitreißens" von Frischgemischballen in die turbulente Flammenoberfläche.

wegen seiner breiten Anwendung und der späteren Bedeutung für die Entwicklung des neuen Brennverlaufmodells nachfolgend basierend auf der Beschreibung in [36] dargestellt werden:

Entsprechend *Abbildung 2.25* wird von einer in alle Raumrichtungen
gleichmäßigen Flammenausbreitung von der Zündkerze ausgegangen. Die Ausbreitungsgeschwindigkeit steht damit stets senkrecht zur Flammenoberfläche, die
durch Kugelschalen oder – nach dem ersten Wandkontakt – durch Abschnitte
davon beschrieben werden kann. Für die Berechnung der Flammenoberfläche
wird die Zündkerzenposition, gegebenenfalls abweichend von der realen Lage,
leicht außermittig positioniert, um die real stets auftretenden Abweichungen von
der perfekt sphärischen Ausbreitung abzubilden. Der Brennraum wird damit in
drei Bereiche eingeteilt: eine verbrannte Zone, eine unverbrannte Zone und die
dazwischen liegende Flammenfront. Letztere wird in der thermodynamischen
Berechnung der unverbrannten Zone zugerechnet, sodass diese zweizonig erfolgen kann.

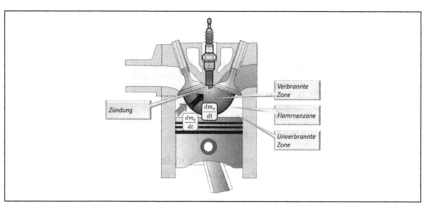

Abbildung 2.25:   Schematische Darstellung des Entrainmentmodells, nach [93]

Die globale Eindringgeschwindigkeit der Flammenzone in die unverbrannte
Zone kann als Summe von laminarer Brenngeschwindigkeit und isotroper Turbulenzgeschwindigkeit angenommen werden:

$$u_E = u_{Turb} + s_L \tag{2.4}$$

u_E	Eindringgeschwindigkeit [m/s]
u_{Turb}	isotrope turbulente Schwankungsgeschwindigkeit [m/s]
s_L	laminare Flammengeschwindigkeit [m/s]

Der Eindringmassenstom in die Flammenzone ergibt sich demnach zu

$$\frac{dm_{E,orig}}{dt} = \rho_{uv} \cdot A_F \cdot u_E \tag{2.5}$$

$\frac{dm_{E,orig}}{dt}$ Eindringmassenstrom in die Flammenzone [kg/s]

ρ_{uv} Dichte im Unverbrannten [kg/m³]

A_F Flammenoberfläche [m³]

t Zeit [s]

und kann gemeinsam mit dem Massenstrom in die verbrannte Zone in einer Differentialgleichung für die Änderung der Flammenzonenmasse berücksichtigt werden. Gemeinsam mit einer charakteristischen Brennzeit ergibt sich dann der gesuchte Brennverlauf zu:

$$\frac{dm_v}{dt} = -\frac{dm_{uv}}{dt} = \frac{m_F}{\tau_L} \tag{2.6}$$

$\frac{dm_v}{dt}$ Massenstrom ins Verbrannte [kg/s]

$\frac{dm_{uv}}{dt}$ Massenstrom ins Unverbrannte [kg/s]

$\frac{dm_B}{dt}$ Massenstrom ins Verbrannte [kg/s]

m_F Masse der Flammenzone [kg]

τ_L charakteristische Brennzeit [s]

Die charakteristische Brennzeit beschreibt, wie lange das vollständig laminare Verbrennen eines Turbulenzwirbels mit der Taylorlänge benötigt:

$$\tau_L = \frac{l_T}{s_L} \tag{2.7}$$

l_T Taylorlänge [m]

Die Taylorlänge selbst beschreibt den mittleren Gradienten des Geschwindigkeitsfelds [27] und ist selbst eine Funktion der turbulenten Schwankungsgeschwindigkeit, der turbulenten kinematischen Viskosität und des integralen Längenmaßes, welches die energiereichsten turbulenten Strömungen beschreibt [27] und gleich dem Radius einer Kugel mit Brennraumvolumen angenommen werden kann:

$$l_T = \sqrt{\chi_T \cdot \frac{v_{Turb} \cdot l}{s_L}} \tag{2.8}$$

χ_T Vorfaktor[19] [-]

v_{Turb} turbulente kinematische Viskosität [m²/s]

l integrales Längenmaß [m]

Damit müssen nur noch sie beiden Geschwindigkeitsterme selbst bestimmt werden. Für die laminare Flammengeschwindigkeit existieren verschiedene empirische Korrelationen, nach [44] in einer leicht modifizierten Form von [34] gilt:

$$s_L = \left(0{,}305 - 0{,}549 \cdot \left(\frac{1}{\lambda} - 1{,}21\right)^2\right) \cdot \left(\frac{T_{uv}}{298\,K}\right)^{2{,}18 - 0{,}8 \cdot \left(\frac{1}{\lambda} - 1\right)}$$
$$\cdot \left(\frac{p}{10^5\,Pa}\right)^{-0{,}16 + 0{,}22 \cdot \left(\frac{1}{\lambda} - 1\right)} \cdot \left(1 - 2{,}06 \cdot x_{AGR,st}{}^{\xi}\right) \tag{2.9}$$

T_{uv} Temperatur im Unverbrannten [K]

λ Luftverhältnis [-]

$x_{AGR,st}$ stöchiometrische Restgasrate[20] [-]

ξ Exponent des Restgaseinflusses[21] [-]

Die isotrope Turbulenzgeschwindigkeit hängt ausschließlich von der spezifischen Turbulenz im Brennraum ab:

$$u_{Turb} = \sqrt{\frac{2}{3} \cdot k} \tag{2.10}$$

k spezifische Turbulenz [m²/s²]

Die spezifische Turbulenz wird über ein separates Turbulenzmodell berechnet. Weite Verbreitung in der phänomenologischen Modellierung haben k-ε-Turbulenzmodelle gefunden [75] [51] [8] [13]. Die zeitliche Änderung der spezifischen Turbulenz wird dabei auf Basis verschiedener Produktions- und Dissipationsterme beschrieben, wobei das globale Turbulenzniveau durch einen einzel-

---

[19]   Laut [44] [34] kann der Wert 15 verwendet werden.

[20]   definiert nach [51], S. 104 f., womit bei überstöchiometrischem Luftverhältnis der unverbrannten Luftmasse im Abgas Rechnung getragen wird

[21]   Laut [34] kann hierfür der Wert 0,973 verwendet werden.

nen Abstimmparameter C_k abgestimmt werden kann[22]. Er ist im Allgemeinen auch der einzige Parameter, der zur Anpassung des Entrainmentmodells an unterschiedliche Motoren verändert werden muss.

2.2.3 Klopfmodellierung

Obwohl kein direkter Bezug zur Brennverlaufsmodellierung besteht, sollen wegen der engen Beziehung zur kontrollierten Selbstzündung nachfolgend auch die Grundzüge der Klopfmodellierung dargestellt werden.

In der Literatur sind verschiedene Ansätze bekannt [28] [99] [80], deren gemeinsame Basis die Berechnung eines Vorreaktionsintegrals ist. Die Reaktionskinetik wird dabei vereinfachend abgebildet, indem die Reaktionsgeschwindigkeit in jedem Zeitschritt basierend auf der Arrhenius-Gleichung[23], siehe Kapitel 4.2.3, berechnet und über der Zeit aufaddiert wird. Dieses Vorgehen gleicht prinzipiell der Zündverzugsberechnung in der quasidimensionalen Modellierung der dieselmotorischen Verbrennung [76].

Stellvertretend sollen kurz die maßgeblichen Berechnungsgleichungen für das Klopfmodell nach Franzke dargestellt werden [28]. Hierin wird zunächst für jeden Zeitschritt eine mittlere Vorreaktionsgeschwindigkeit bestimmt nach

$$w_{Reak} = c \cdot p^a \cdot e^{-\frac{b}{T_{uv}}} \tag{2.11}$$

w_{Reak}	Reaktionsrate des Zeitschritts [1/s]
c	Parameter zur Abstimmung des präexponentiellen Faktors [1/Pa^a]
a	Parameter zur Abstimmung des Druckeinflusses [-]
b	Aktivierungstemperatur[24] [K]

Diese wird ab dem Schließzeitpunkt des Einlassventils über der Zeit aufintegriert zu einem Wert, der den Vorreaktionszustand beschreibt:

$$I = \frac{1}{\omega c} \cdot \int_{\varphi_{ES}}^{\varphi_E} p^a \cdot e^{-\frac{b}{T_{uv}}} \, d\varphi \tag{2.12}$$

I	Integral der Reaktionsrate („Klopfintegral") [-]

---

[22] Für eine genauere Beschreibung des Turbulenzmodells sei auf die genannte Literatur verwiesen.

[23] nach Svante August Arrhenius (1859 -1927), schwedischer Physiker und Chemiker, der unter anderem auch als einer der ersten Wissenschaftler eine Klimaerwärmung durch eine anthropogene CO_2-Anreicherung in der Atmosphäre vorhersagte – deren Folgen jedoch als überwiegend positiv sah [2].

[24] Eine Aktivierungstemperatur ergibt sich aus der Aktivierungsenergie durch Division mit der universellen Gaskonstanten.

ω Winkelgeschwindigkeit der Kurbelwelle [°KW/s]

φ_E Kurbelwinkel zur Auswertung des Integrals [°KW]

φ_{ES} Kurbelwinkel bei ES [°KW]

Überschreitet dieser Wert eine bestimmte Grenze, wird Klopfen angenommen. Die obere Grenze des Integrals entspricht dabei jedoch nicht dem aktuellen Kurbelwinkel, sondern berechnet sich in Abhängigkeit von Brennbeginn, Brenndauer und einem Abstimmparameter K:

$$\varphi_E = \varphi_{VA} + K \cdot \Delta\varphi \qquad (2.13)$$

φ_{VA} Kurbelwinkel bei Brennbeginn [°KW]

K Abstimmparameter zur Bestimmung des Auswertezeitpunkts [-]

$\Delta\varphi$ Brenndauer [°KW]

Der in [28] für den Abstimmparameter K angegebene Wert von 0,53 entspricht bei üblichen Brenndauern in etwa einem Massenumsatz von 80% [93]. Demnach schließt das Modell Klopfen zu späteren Zeitpunkten aus, was der grundsätzlichen Vorstellung entspricht, dass die Vorreaktionen zu späten Zeitpunkten nach Überschreiten des Maximaldrucks nicht mehr signifikant voranschreiten, weil sich die unverbrannte Masse in den wandnahen Bereichen mit kalter, aus dem Feuersteg zurückströmender Masse vermischt [80].

2.2.4 Modellierung der kontrollierten Benzinselbstzündung

Obwohl der Schwerpunkt der veröffentlichten Forschungsarbeiten auf experimentellen Arbeiten liegt, sind –meist begleitend – auch einige Versuche zur Modellierung der kontrollierten Benzinselbstzündung unternommen worden. Die meisten basieren entweder auf 3D-CFD-Berechnungen oder auf einem sogenannten stochastischen Reaktor.

CFD-basierte Modelle werden unter anderem in [104] und [77] vorgestellt. Während in [104] zur Abbildung der Reaktionskinetik ein reduzierter Mechanismus verwendet wird, wurde in [77] anhand von Experimenten ein detaillierter Reaktionsmechanismus entwickelt und in tabellierter Form als Fortschrittsvariablenmodell in CFD-Code eingebunden. Die Berechnung eines Arbeitsspiels beträgt in beiden Fällen mehrere Tage und liefert anschauliche Ergebnisse, die das Verständnis des Verbrennungsvorgangs unterstützen können, es wird jedoch kein systematischer Vergleich zum Experiment durchgeführt. Der einzige gezeigte simulierte Druckverlauf in [77] weist jedoch merkliche Abweichungen zur Messung auf. Hervorgehoben wird auch die Sensitivität bezüglich der Temperatur: für eine Starttemperaturerhöhung von 5 K wird eine Frühverschiebung der Verbrennung von etwas über 1° Kurbelwinkel angegeben.

Stochastische Reaktormodelle basieren auf der Idee, die Gesamtwärmefrei-
setzung als Summe der Wärmefreisetzungen vieler einzelner Reaktoren zu verstehen, die einzeln betrachtet jeweils homogen sind, deren Startwerte jedoch
stochastisch verteilt sind. In jedem Reaktor werden die Erhaltungsgleichungen
und die Konzentrationen der chemischen Spezies basierend auf einem meist
detaillierten Reaktionsmechanismus verfolgt. Solche Modelle werden beispielsweise in [79] [12] [22] präsentiert. Die einzelnen Reaktoren haben im einfachsten Fall keine Wechselwirkung untereinander und unterscheiden sich lediglich in
der Starttemperatur, kompliziertere Modelle berücksichtigen auch Wandeinflüsse
und Kraftstoffinhomogenitäten. Rechenzeiten für solche Modelle liegen typischerweise im Bereich von Stunden bis Tagen [22]. In [79] wird eine starke
Sensitivität des Modells gegenüber Veränderungen der Temperatur angegeben:
ein Unterschied in der Starttemperatur von 40 K kann demnach den Unterschied
zwischen einem Ausbleiben der Verbrennung und einer Schwerpunktlage im
oberen Totpunkt ausmachen.

In [85] wird sowohl ein statistisches Multi-Zonen-Prozessmodell vorgestellt
als auch ein damit gekoppeltes CFD-Multi-Zonen-Modell. Die Rechenzeiten bei
erstgenanntem liegen im Bereich weniger Minuten und ermöglichen eine gute
Vorhersagefähigkeit für den Brennverlauf, während das zweitgenannte für die
Berechnung eines Arbeitsspiels etwa einen Tag benötigt und ein vertieftes Verständnis der lokal bei der Verbrennung ablaufenden Prozesse ermöglicht.

Ein auf nulldimensionaler Rechnung basiertes Modell wird in [74] [53] vorgestellt. Es beinhaltet einen reduzierten Reaktionsmechanismus mit 37 Reaktionen und 21 Spezies. Der Brennraum wird in zehn unterschiedlich große Zonen
mit veränderlichem Volumenanteil eingeteilt, die sich hinsichtlich ihrer Temperaturverteilung und der daran gekoppelten Restgasverteilung unterscheiden. Die
modellierte Standardabweichung der Temperaturverteilung liegt dabei zwischen
5 K und 10 K. Auf eine Modellierung von Wärme- oder Massenströmen zwischen den Zonen wird verzichtet. Es wird gezeigt, dass die Variationen des Einspritzzeitpunkts mit dem Modell hinsichtlich Verbrennungslage und Mitteldruck
gut wiedergegeben werden können. Der Rechenzeitbedarf wird nicht angegeben.

3 Messdatenaufbereitung und -analyse

3.1 Versuchsträger

Als Grundlage für die Modellentwicklung wurden Messdaten aus dem FVV-Vorhaben „Betriebsstrategien Benzinselbstzündung" [5] verwendet. Hierin wurde ein Einzylinderaggregat mit Direkteinspritzung und vollvariablem elektrohydraulischen Ventiltrieb als Versuchsträger genutzt, der auf einem V6-Ottomotor der Daimler AG mit der internen Bezeichnung M 272 DE basiert [5]. Die wichtigsten technischen Daten können *Tabelle 3.1* entnommen werden, weitere Details des Versuchaufbaus sind in [5] beschrieben.

Tabelle 3.1: Technische Daten des zur Modellentwicklung verwendeten Einzylinderaggregats [5]

Hersteller	Daimler AG
Bezeichnung	M 272 DE
Motorsteuerung	Bosch MED 9.7
Kraftstoff	Benzin
Injektor	Piezo-A-Düse
Hub [mm]	86,0
Bohrung [mm]	92,9
Pleuellänge [mm]	148,5
Hubvolumen [cm³]	582,9
Verdichtung [-]	12,2
Kraftstoffdruck [bar]	200
Ventile [-]	4
Ventilwinkel [°]	28,5

3.2 Druckverlaufs- und Ladungswechselanalyse

Zur Messdatenauswertung wurden die gemessenen Druckverläufe für den Zylinder, den Einlass- und den Auslasskanal gefiltert[25] und für eine kombinierte Druckverlaufs- und Ladungswechselanalyse verwendet.

Druckverlaufs- und Ladungswechselanalyse stellen generell wichtige Werkzeuge für die Auswertung von Messdaten dar und erfahren entsprechend breite Anwendung. Wichtige Grundlagen hierzu sind beispielsweise in [33] [9] [16] dargestellt. Besonderheiten bei der Analyse von Arbeitsspielen in der Betriebsart kontrollierte Benzinselbstzündung werden in [94] ausführlich diskutiert. Nachfolgend sollen daher nur eine knappe Zusammenfassung selbiger dargestellt werden.

Da für die Verbrennung in der Betriebsart kontrollierte Benzinselbstzündung der interne Restgasgehalt eine bedeutende Rolle spielt und dieser messtechnisch nur mit größerem Aufwand und verbleibenden Ungenauigkeiten realisierbar ist, muss bei der Messdatenanalyse eine Gesamtarbeitsspielanalyse durchgeführt werden. Dabei stellt die Druckverlaufsanalyse in einemiterativen Prozess die Randbedingungen für die Ladungswechselanalyse, während umgekehrt die Ladungswechselanalyse die Randbedingungen für den Hochdruckteil liefert. Die einzige sinnvolle Möglichkeit, für eine 100 %-Iteration die Luftmasse zu verändern, besteht damit in der Regelung der Ansaugtemperatur.

Eine weitere Besonderheit ergibt sich an den jeweiligen Übergangsstellen von der Ladungswechsel- zur Druckverlaufsanalyse. Im Allgemeinen wird der in der Ladungswechselanalyse berechnete Zylinderdruck vom indizierten Zylinderdruck auch nach einer Nulllinienfindung nach dem Summenbrennverlaufskriterium abweichen. Die Größe dieser Abweichung kann als Maß für die Güte der Gesamtanalyse gesehen werden und ergibt sich letztlich aus den kombinierten Mess- und Modellfehlern der Ladungswechselanalyse sowie den Unsicherheiten in der Nulllinienfindung. In Folge der Unstetigkeit ergibt sich in der Druckverlaufsanalyse daher je nach Vorzeichen der Druckabweichung eine kurzzeitige Brennverlaufsspitze nach oben oder unten, die die Temperatur im Brennraum beeinflusst. Die Größe dieses Ausschlags kann durch eine moderate Anpassung der Durchflusskoeffizienten, die in der Praxis am Blasprüfstand ermittelt werden und ebenfalls fehlerbehaftet sind, verringert werden. Insgesamt ist es aber unvermeidlich, dass sich aus den möglichen Fehlern in den Messungen und den Modellannahmen Unsicherheiten ergeben, insbesondere auch für die hinsichtlich der kontrollierten Benzinselbstzündung besonders kritischen Größen Temperatur und Restgasgehalt. Eine hohe Messdatenqualität ist damit unabdingbare Voraus-

---

[25] Hierzu wurde ein Butterworth-Filter 2.Ordnung mit einer Grenzfrequenz von 5000 Hz verwendet.

setzung, um zuverlässige Randbedingungen für die spätere Simulation zu erhalten.

3.3 Ergebnisse der Messdatenauswertung

Für eine ausführliche Darstellung aller Messergebnisse soll auf [5] verwiesen werden. Im Folgenden soll stattdessen nur eine Auswahl einiger Beobachtungen dargestellt werden, die wichtige Indizien und Anregungen für die Modellentwicklung geben. Eine detailliertere Diskussion erfolgt dafür in Kapitel 5, in dem jeweils für einen Vertreter der einzelnen Variationsreihen die Ergebnisse aus Druckverlaufsanalyse und Simulation gegenübergestellt werden.

3.3.1 Übersicht über untersuchte Variationen

Da, wie bereits in Kapitel 2.1.2 beschrieben, für das Erreichen der Selbstzündung von Benzin hohe Temperaturen bei Kompressionsende erreicht werden müssen, ist es erforderlich eine ausreichende Menge an heißem Restgas im Brennraum zu erzielen. Dies kann durch verschiedene Restgasstrategien geschehen, von denen beim vorliegenden Motor zwei verschiedene angewandt wurden: Restgasrückhaltung und späte Auslasskanalrückführung durch Doppelhub, im Folgenden Restgasrücksaugung genannt, vergleiche Kapitel 2.1.2.4.

Bei der Strategie Restgasrückhaltung – siehe auch *Abbildung 3.1* - kamen zwei unterschiedliche Einspritzstrategien zur Auswahl: entweder es folgte nur eine einzelne Einspritzung, die im Bereich zwischen GOT und UT variiert wurde, oder es erfolgte eine Strategie mit einer zweifachen Einspritzung, bei der eine Voreinspritzung vor GOT mit etwa 20 % der Gesamtkraftstoffmasse abgesetzt wurde und eine Haupteinspritzung, die in einem ähnlichen Bereich variiert wurde wie bei der Einfach-Einspritzung. Im Falle der Zweifach-Einspritzung kann es – abhängig vor allem von dem verfügbaren Sauerstoffgehalt – um GOT ebenfalls zu einer Verbrennung kommen („GOT-Verbrennung").

Als weiteres Unterscheidungsmerkmal gibt es bei der Strategie Restgasrückhaltung Betriebspunkte sowohl mit als auch ohne Zündfunkenunterstützung. Falls Zündfunkenunterstützung verwendet wird, wird der Zündwinkel dabei in einem Bereich von 40° KW bis 0° KW vor ZOT verstellt. Daneben betrifft die häufigste Variation die AS-Steuerzeit, mit der ein großer Einfluss auf die rückgehaltene Restgasmenge und das resultierende Luftverhältnis genommen werden kann. Dies kann zusätzlich durch eine Verstellung der Drosselklappenposition beeinflusst werden.

Alle Stellgrößenvariationen wurden sowohl separat als auch mit anderen Variationen kombiniert durchgeführt, sodass die Einflüsse einzelner Größen direkt erfasst werden können und gleichzeitig auch Quereinflüsse sichtbar wer-

den. Nicht zuletzt wurde in der Strategie Restgasrückhaltung auch ein Betriebsartenwechsel von der konventionellen fremdgezündeten Verbrennung zur kontrollierten Benzinselbstzündung durchgeführt.

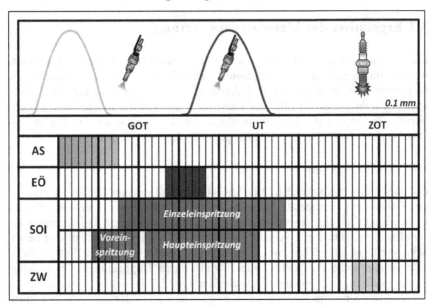

Abbildung 3.1:   Variationen der Steuergrößen bei der Strategie Restgasrückhaltung
                      (Ventilsteuerzeiten bezogen auf einen Ventilhub von 0,1 mm)

    In der Strategie Restgasrücksaugung wurden dagegen vergleichsweise we-
nige Variationsreihen durchgeführt, siehe *Abbildung 3.2*. Sie beschränken sich
im Wesentlichen auf Variationen der Drosselklappenposition sowie der AS- und
ES-Steuerzeiten, womit im Wesentlichen eine Restgasvariation erzielt wird. Alle
übrigen Parameter liegen dagegen fest: In der Betriebsstrategie Restgasrücksaugung wird immer eine Einfach-Einspritzung mit festem Zeitpunkt 30° KW nach
GOT durchgeführt und es erfolgt stets eine Zündfunkenunterstützung mit dem
Zündwinkel 35° KW vor ZOT. Die Untersuchung eines Betriebsartenwechsels
mit dieser Restgasstrategie liegt nicht vor.
    Für keine der beiden Restgasstrategien liegt eine systematische Drehzahl-
oder Lastvariation vor, bei der sich nicht gleichzeitig auch andere Stellgrößen
verändern würden. Für die Strategie Restgasrückhaltung liegen Betriebspunkte
mit Drehzahlen von 2.000 min^{-1} und 3.000 min^{-1} vor, die Last beträgt p_{mi} = 2 bar
oder p_{mi} = 3 bar. Bei der Strategie Restgasrücksaugung liegt die Drehzahl fest bei
2.000 min^{-1} und die Last bei p_{mi} = 3 bar.

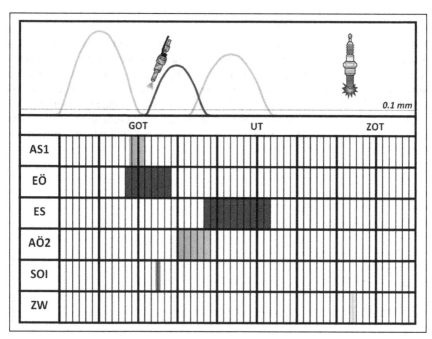

Abbildung 3.2: Variationen der Steuergrößen bei der Strategie Restgasrücksaugung (Ventilsteuerzeiten bezogen auf einen Ventilhub von 0,1 mm)

Zusammenfassend gibt *Tabelle 3.2* nochmals einen Überblick über die zur Modellentwicklung genutzten Stellgrößenvariationen.

Tabelle 3.2: Übersicht über die zur Modellentwicklung genutzten Stellgrößenvariationen (RH: Restgasrückhaltung, RS: Restgasrücksaugung, var.: variiert, const.: konstant gehalten, -: nicht durchgeführt)

Variationsnummer	1	2	3	4	5	6	7	8	9
Strategie	RH	RH	RH	RH	RH	RH	RS	RS	RS
AS	var.	var.	var.	const.	const.	const.	const.	const.	var.
Voreinspritzung	-	-	-	-	var.	const.	-	-	-
Haupteinspritzung	const.	var.	var.	const.	var.	const.	const.	const.	const.
Zündwinkel	-	-	const.	var.	-	const.	const.	const.	const.
Drosselklappe	const.	const.	var.	const.	const.	var.	var.	const.	const.
ES	const.	const.	const.	const.	const.	const.	const.	var.	const.

3.3.2 Typische Brennverlaufsform

Zunächst soll eine typische Form des Brennverlaufs für die Hauptverbrennung um ZOT für einen Betriebspunkt ohne Zündfunkenunterstützung[26] betrachtet werden, siehe *Abbildung 3.3*. In erster Näherung lässt sie sich in drei Phasen unterteilen: Eine frühe Phase mit einem flachen, fast linearen Anstieg, eine mittlere Phase, die durch einen schnellen Massenumsatz mit beinahe symmetrischem Verlauf zur maximalen Brennrate gekennzeichnet ist, und eine späte Phase, mit einem sehr langsamen Ausbrand, die sich beinahe spiegelbildlich zur frühen Phase verhält.

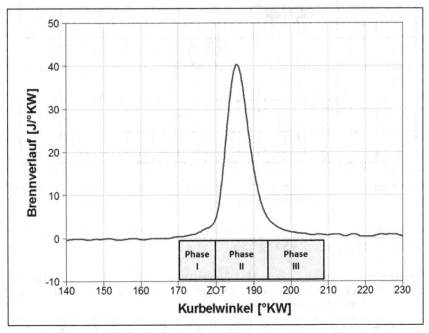

Abbildung 3.3:   Exemplarische Brennverlaufsform der Hauptverbrennung

Diese grundsätzliche Charakteristik gibt schon wichtige Hinweise für mögliche Modellansätze. Geht man davon aus, dass der Verbrennungsfortschritt aufgrund des fehlenden Zündfunkens durch einen Selbstzündprozess dominiert wird, lässt sich der Verlauf zum Teil schon gut erklären: Zunächst kommt es an einigen, möglicherweise besonders heißen Stellen im Brennraum zu ersten

---

[26]   Die typische Brennverlaufsform für Betriebspunkte mit Zündfunkenunterstützung kann – muss sich aber nicht – hiervon durchaus ein wenig unterscheiden, dies wird später noch diskutiert.

Selbstzündungen, die eine langsame Wärmefreisetzung bewirken. Dies begünstigt wiederum die Selbstzündung weiterer, etwas weniger heißer Bereiche, die ihrerseits wieder Wärme freisetzen, womit allmählich eine Selbstverstärkung des Prozesses einsetzt. Schließlich kommt es zu einem besonders schnellen Umsatz, wenn Bereiche jener Temperatur zur Selbstzündung kommen, die am häufigsten im Brennraum vorkommen. Gegen Ende der Verbrennung muss es jedoch einen Mechanismus geben, der den selbstverstärkenden Effekt der Selbstzündung wieder überkompensiert, um den langsamen Ausbrand zu erklären. Neben dem offensichtlichen Einfluss der Kolbenbewegung nach unten, die zu einer Absenkung des Druck- und später auch des Temperaturniveaus führt, kommt hierfür vor allem auch der Einfluss der wandnahen Bereiche in Frage. Möglicherweise spielt auch das Rückströmen kalten Gasgemischs aus dem Feuersteg nach Überschreiten des Spitzendrucks eine Rolle.

Eine alternative Erklärung für den langsamen Anstieg in der frühen Phase könnte auch in der Reaktionskinetik liegen. Wie in Kapitel 2.1.2.2 gezeigt, besitzt Isooktan als typischer Bestandteil von Benzin zwar kein ausgeprägtes Verhalten mit negativem Temperaturkoeffizienten, wohl aber einen Bereich mit verminderter Temperaturabhängigkeit des Zündverzugs.. Entsprechend könnte also die Reaktionskinetik auch bei Benzin in einer frühen Phase den Selbstverstärkungseffekt hemmen oder zumindest dabei eine Rolle spielen.

3.3.3 Hinweise für eine Flammenausbreitung

Betrachtet man in einem nächsten Schritt auch Betriebspunkte mit Zündfunkenunterstützung, lassen sich hieraus weitere Erkenntnisse gewinnen. Während die grundsätzliche Brennverlaufsform weitgehend unverändert bleibt, ist ein Einfluss des Zündwinkels auf die Verbrennung festzustellen, siehe *Abbildung 3.4*. Hierfür sind zunächst zwei alternative Erklärungen denkbar: Entweder die Energie, die dem Brennraum durch den Zündfunken zugeführt wird, bewirkt eine Beschleunigung des Selbstzündvorgangs, der dann die moderate Frühverschiebung des Brennverlaufs nach sich zieht, oder es kommt durch den Zündfunken zu einer beginnenden Flammenausbreitung ähnlich jener im konventionellen fremdgezündeten Ottomotor, deren Wärmefreisetzung dann ebenfalls die Selbstzündung begünstigt. Zu beachten ist dabei, dass aufgrund der kleinen Ventilhübe in der Betriebsart kontrollierte Benzinselbstzündung ein eher geringes Turbulenzniveau vorliegt, was sich insbesondere bei hoher Gemischverdünnung günstig auf die Ausbildung eines stabilen Flammenkerns an der Zündkerze auswirkt, vergleiche Kapitel 2.1.1.1.

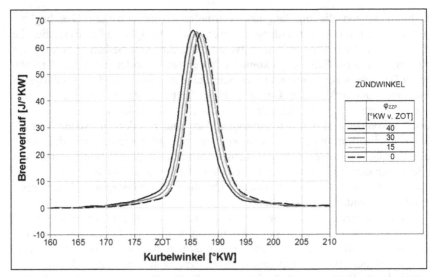

Abbildung 3.4: Einfluss einer Zündwinkelvariation auf den Brennverlauf bei Randbedingungen, die eine laminar-turbulente Flammenausbreitung erlauben
(Haupteinspritzung 295°KW v. ZOT, Drehzahl: 2000 min⁻¹, p_{mi}: 3 bar,
$\lambda = 1{,}21$, $x_{AGR,st}(ES) = 40\,\%$)

Einen ersten Hinweis darauf, welche Erklärung die plausiblere ist, liefert
Abbildung 3.5. Hier ist erneut eine Zündwinkelvariation dargestellt, die allerdings diesmal keinen Einfluss auf den Brennverlauf zeigt. Während dies bei
Annahme einer Flammenausbreitung als Erklärung für *Abbildung 3.4* sich
zwanglos daraus ergibt, dass nun aufgrund der veränderten Randbedingungen
mit deutlich höherem Restgasgehalt eben keine Flammenausbreitung mehr stattfinden und damit auch kein Einfluss des Zündwinkels auf die Verbrennung mehr
auftreten kann, vermag die alternative Erklärung nicht zu überzeugen. Es erscheint unplausibel, warum sich der Zündfunken abhängig von den Randbedingungen unterschiedlich auswirken sollte, sofern nur die dadurch geleistete Ener-
giezufuhr relevant ist.

Ein weiteres Indiz für eine Flammenausbreitung zumindest in der frühen
Phase der Verbrennung liefert *Abbildung 3.6*. Hier führt eine Variation des Restgasgehalts bei konstantem Luftverhältnis und unverändertem Zündfunken dazu,
dass es zunächst bei der niedrigeren Restgasrate zu einer stärkeren Verbrennung
kommt, was erneut in Einklang mit dem Einfluss der laminaren Flammengeschwindigkeit auf die Flammenausbreitung im konventionellen fremdgezündeten
Betrieb steht. Dass sich die Verhältnisse im weiteren Verlauf der Verbrennung
ins Gegenteil verkehren und der Betriebspunkt mit dem höchsten Restgasgehalt

seine maximale Brennrate am frühesten erreicht, kann als weitere Bestätigung für einen Flammenausbreitungsmechanismus in der frühen Phase gesehen werden: Wäre die frühe Phase ebenfalls durch die Selbstzündung dominiert, so müsste auch hier der Betriebspunkt mit dem höchsten Restgasgehalt und damit der höchsten Brennraumtemperatur am besten brennen. Folglich muss die frühe Phase durch einen anderen Mechanismus dominiert werden, den die Vorstellung einer Flammenausbreitung zwanglos zu erklären vermag,im Gegensatz zur Idee eines direkten Einflusses der Zündfunkenenergie auf den Selbstzündvorgang.

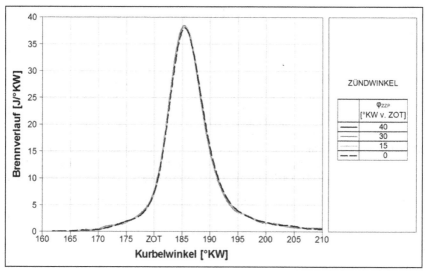

Abbildung 3.5:   Einfluss einer Zündwinkelvariation auf den Brennverlauf bei hohem Restgasgehalt (Haupteinspritzung 260°KW v. ZOT, Drehzahl: 2000 min^{-1}, p_{mi}: 3 bar, $\lambda = 1{,}21$, $x_{AGR,st}(ES) = 51$ %)

Nicht zuletzt bietet auch die Analyse des Betriebsartenwechsels einen wichtigen Hinweis darauf, dass es einen fließenden Übergang gibt zwischen einem flammenausbreitungsdominierten und einem selbstzündungsdominierten Verbrennungsfortschritt. *Abbildung 3.7* zeigt hierzu drei aufeinanderfolgende Arbeitsspiele, von denen das erste dem Brennverlauf nach einer konventionellen fremdgezündeten Verbrennung ähnelt und das letzte die Charakteristik eines typischen Betriebspunkts in der Betriebsart kontrollierte Benzinselbstzündung aufweist. Dazwischen tritt eine Art hybrider Verbrennung auf, die in der frühen Phase vor allem Merkmale einer Flammenausbreitung aufweist und erst später den charakteristischen Anstieg im Brennverlauf zeigt, der mit einem sich selbst verstärkenden Selbstzündprozess assoziiert werden kann.

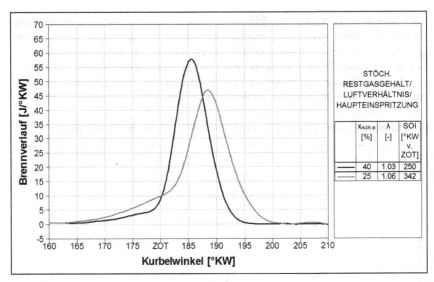

Abbildung 3.6: Einfluss einer Restgasvariation bei konstantem Luftverhältnis bei Betriebspunkten mit Zündfunkenunterstützung (Zündwinkel 30°KW v. ZOT, Drehzahl: 3000 min^{-1}, p$_{mi}$: 3 bar)

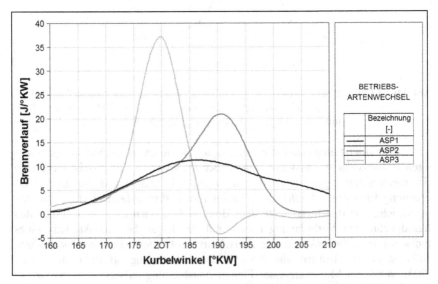

Abbildung 3.7: Brennverläufe dreier aufeinanderfolgender Arbeitsspiele während eines Betriebsartenwechsels; Details siehe Kapitel 5.4

Als Schlussfolgerung kann festgehalten werden, dass die Messdaten eine nicht zu vernachlässigende Rolle der Flammenausbreitung auch in der Betriebsart kontrollierte Benzinselbstzündung nahelegen. Die Größe des Einflusses des Flammenausbreitungsmechanismus auf die Verbrennung wird dabei von den Randbedingungen bestimmt und tritt vor allem in der frühen Verbrennungsphase zu Tage.

3.3.4 Hinweise auf Gemischinhomogenität

Während das Vorhandensein von Temperaturinhomogenitäten für die Vorstellung eines sequentiellen Selbstzündprozesses essentiell ist (vergleiche Kapitel 2.1.2.1), müssen Gemischinhomogenitäten nicht zwingendermaßen vorhanden sein. Die in Kapitel 3.3.2 dargestellte typische, symmetrische Brennverlaufsform liefert jedenfalls keine direkten Hinweise auf eine Relevanz von Gemischinhomogenitäten; dies ist auch nicht unbedingt zu erwarten, da selbst die spätesten Einspritzungen noch im unteren Totpunkt erfolgen und somit eine ausreichende Zeit zur Gemischhomogenisierung zur Verfügung steht. Als weiteres Indiz kann gesehen werden, dass die Umsetzung des eingebrachten Kraftstoffs bei allen Betriebspunkten fast vollständig mit Umsatzwirkungsgraden über 95 % erfolgt.

Anders liegen die Verhältnisse bei der GOT-Verbrennung, bei der die Einspritzung frühestens 70° KW vor GOT und spätestens erst in GOT erfolgt. Hierbei kommt es zum einen selbst bei ausreichendem Sauerstoffgehalt nur zur teilweisen Verbrennung des eingebrachten Kraftstoffs, zum anderen kann auch ein deutlicher Einfluss auf die Form des Brennverlaufs festgestellt werden, siehe *Abbildung 3.8.* Während bei der frühesten Einspritzung noch ein annähernd symmetrischer Brennverlauf vorhanden ist, erfolgt bei den späteren Einspritzungen eine immer ausgeprägtere Ausbrandphase, die dem diffusiven Ausbrand beim Dieselmotor ähnelt. Der relativ gesehen deutlich steilere Anstieg zu Beginn bei den frühen Einspritzungen erinnert dementsprechend an den Premixed-Anteil der Dieselverbrennung.

Insgesamt erscheint es damit erforderlich bei späten Einspritzungen, wie sie bei der GOT-Verbrennung auftreten, die Gemischbildung in der späteren Modellierung zu berücksichtigen, während dies für die Hauptverbrennung um ZOT mit ihren frühen Einspritzzeitpunkten möglicherweise vernachlässigt werden kann.

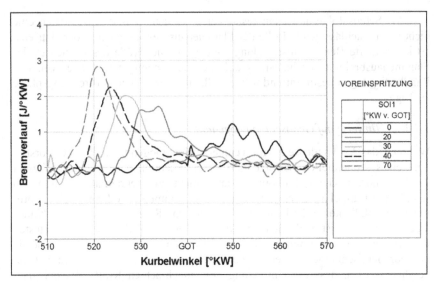

Abbildung 3.8:   Brennverläufe für eine Einspritzzeitpunkt-Variation der GOT-
Verbrennung (kein Zündfunken, Drehzahl: 2000 min^{-1}, p_{mi}: 2 bar, $\lambda =$
1,58, $x_{AGR}(AS) = 60$ %)

3.3.5   Hinweise auf Temperatureinfluss

Selbstzündprozesse werden im Allgemeinen, so wie jede chemische Reaktion,
stark von der Temperatur beeinflusst. Es ist davon auszugehen, dass dies auch
bei der kontrollierten Benzinselbstzündung der Fall ist, sofern der Verbrennungsfortschritt von einem Selbstzündprozess dominiert wird. Wie *Abbildung 3.9*
exemplarisch anhand einer Restgasvariation zeigt, kann im Allgemeinen eine
deutliche Korrelation zwischen der Temperatur im Brennraum und der resultierenden Brennverlaufslage belegt werden. Gleichzeitig ist zu beachten, dass die
Temperatur selbst auch wiederum stark mit dem Restgasgehalt korreliert, womit
automatisch auch eine Korrelation von Restgasgehalt und Verbrennungslage
gegeben ist. Während damit zunächst nicht quantifizierbar ist, ob der Einfluss
der Temperatur auf den Zündverzug durch einen möglichen Radikaleinfluss
verstärkt wird (vergleiche Kapitel 3.3.6), kann zumindest mit einiger Sicherheit
ausgeschlossen werden, dass der höhere Restgasgehalt den Verbrennungsablauf
verlangsamen würde. Das wiederum ist ein klares Zeichen dafür, dass die Verbrennungslage nicht wesentlich durch einen Flammenausbreitungsmechanismus
dominiert wird, bei dem eine deutliche Verlangsamung der laminaren Flammengeschwindigkeit mit zunehmendem Restgasgehalt zu erwarten wäre.

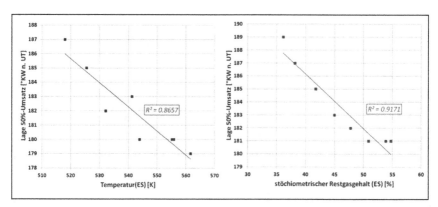

Abbildung 3.9: Korrelation von Temperatur und Restgasgehalt mit der Verbrennungslage bei einer Restgasvariation

Einen anderen Blickwinkel auf den Temperatureinfluss liefern Variationen des Einspritzzeitpunkts bei ansonsten konstanten Randbedingungen, insbesondere auch nahezu identischem Restgasgehalt. Der einzige wesentliche Unterschied für den Selbstzündvorgang liegt hier in dem Zeitpunkt, ab dem Vorreaktionen ablaufen können – frühere Einspritzungen führen daher im Allgemeinen auch zu einer früheren Verbrennungslage. Der Zusammenhang ist jedoch keineswegs linear – also so, dass ein bestimmter Versatz der Einspritzung zu einem konstanten Versatz der Verbrennungslage führen würde – sondern vielmehr stark von dem Temperaturniveau abhängig, dass zum Einspritzzeitpunkt im Brennraum herrscht. Während bei frühen Einspritzungen noch eine hohe Temperatur herrscht, bei der Vorreaktionen in größerem Umfang ablaufen können, gibt es bei späten Einspritzzeitpunkten kaum noch einen Unterschied in der Verbrennungslage, da bei dem dann niedrigen Temperaturniveau zum Einspritzzeitpunkt ohnehin nur in sehr geringem Maße Vorreaktionen ablaufen können, siehe *Abbildung 3.10*.

Einen ähnlichen Aspekt zeigt nochmals *Abbildung 3.11*. Hier sind für eine gleichzeitige Variation von Restgasgehalt und Einspritzzeitpunkt Kombinationen aufgetragen, die zu derselben Verbrennungslage führen. Hält man sich nochmals vor Augen, dass in *Abbildung 3.9* die Verbrennungslage näherungsweise linear mit dem Restgasgehalt korreliert war, so wird deutlich, dass die Verbrennung bei Einspritzzeitpunkten um GOT, bei denen eine höhere Temperatur herrscht, deutlich sensitiver auf eine Veränderung des Einspritzzeitpunkts reagiert als in Kurbelwinkelbereichen niedriger Temperatur.

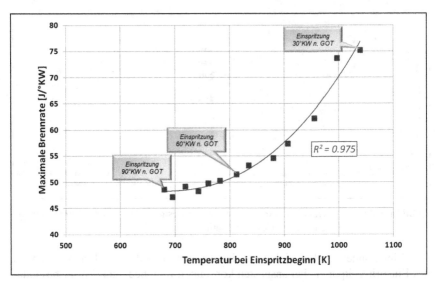

Abbildung 3.10: Einfluss der Temperatur bei Einspritzbeginn auf die maximale Brennrate

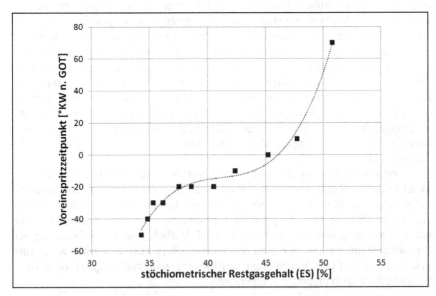

Abbildung 3.11: Zum Erzielen einer wirkungsgradoptimalen Schwerpunktlage benötigte Kombinationen von Restgasgehalt und Voreinspritzzeitpunkt
(Haupteinspritzung jeweils 80°KW n. GOT)

Zusammenfassend zeigen die Messdaten damit eine sehr gute Übereinstim-mung mit jenem Verhalten, dass man bei einem temperaturdominierten Selbst-zündverhalten erwarten würde.

3.3.6   Hinweise auf Radikaleinfluss

Einen direkten Einfluss von Radikalen auf die Verbrennung zu identifizieren, erweist sich insofern als schwierig, als dass – wie bereits erwähnt – der Restgas-gehalt und die Temperatur in der Regel stark miteinander korreliert sind. Einen möglichen Ansatz, dennoch Hinweise auf einen möglichen Radikaleinfluss zu gewinnen, liegt im Vergleich der beiden unterschiedlichen Restgasstrategien: Es ist davon auszugehen, dass die Radikalkonzentration im heißeren, rückgehalte-nen Restgas deutlich höher liegt als im kälteren, rückgesaugten Abgas. Demnach wäre bei einem nennenswerten Radikaleinfluss zu erwarten, dass es bei der Stra-tegie Restgasrückhaltung bei identischem Temperaturniveau zu einem kürzeren Zündverzug kommt beziehungsweise bei einem identischen Zündverzug die Zündung schon bei einer niedrigeren Temperatur erfolgt.

Tatsächlich zeigt *Abbildung 3.12* signifikante Unterschiede hinsichtlich der Temperaturen bei Brennbeginn für die beiden verschiedenen Restgasstrategien. Selbst für die unter Berücksichtigung von über 600 Betriebspunkten ermittelten Streubereiche liegen die Temperaturen bei Brennbeginn selbst im günstigsten Fall um über 100 K und im Mittel um über 300 K auseinander. Zwar ist bei der Interpretation dieser Werte Vorsicht geboten, da die Temperatur bei Brennbe-ginn für sich genommen noch nicht viel aussagt – so hängt der Zündverzug bei-spielsweise von der gesamten Temperaturhistorie seit der Einspritzung ab und auch andere Parameter wie der Sauerstoffgehalt spielen eine Rolle – jedoch ist die Größenordnung, in der der Unterschied liegt, in jedem Fall beachtlich. Dies gilt umso mehr, als dass die Temperaturabhängigkeit chemischer Reaktionen in der Regel einem exponentiellen Gesetz gehorcht, was die Zündung bei im Ver-gleich deutlich niedrigeren Temperaturen im Falle der Restgasrückhaltung in der Tat bemerkenswert macht. Dies kann auch nur teilweise durch den Einfluss der GOT-Verbrennung beziehungsweise der Zwischenkompression während der negativen Ventilüberschneidung erklärt werden, da innerhalb der untersuchten Stichprobe auch Betriebspunkte mit sehr späten Einspritzzeitpunkten enthalten sind, für die nur der Hochdruckteil nach ES zündverzugsrelevant ist.

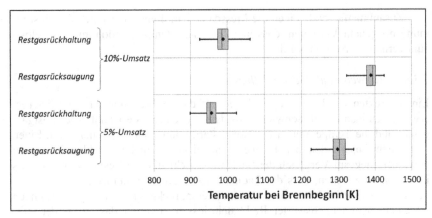

Abbildung 3.12: Box-Whisker-Plot für die Temperaturen (im Unverbrannten) bei Brennbeginn (5%- beziehungsweise 10%-Umsatz) für verschiedene Restgasstrategien

Wenngleich aus den Messdaten damit kein zwingender Beleg für einen Radikaleinfluss nachgewiesen werden kann, erscheint es zumindest denkbar, dass ein solcher existiert. In jedem Fall wird das Modell zu einem späteren Zeitpunkt die signifikanten Unterschiede zwischen den beiden Restgasstrategien erklären müssen.

3.3.7 Probleme und Grenzen der Analyse

Während aus der Analyse der Messdatenbasis wichtige Erkenntnisse für die Modellentwicklung gewonnen werden konnten, sind auch einige Aspekte zu berücksichtigen, die offene Fragen hinterlassen und bei der Bewertung der Ergebnisse aus der Validierung berücksichtigt werden müssen:

- Der Einfluss von Temperatur und Restgasgehalt wurde nicht unabhängig voneinander untersucht. Es bleibt damit zunächst unklar, ob und wenn ja wie stark sich ein möglicher Radikaleinfluss auf den Selbstzündprozess bemerkbar macht.

- Da keine systematischen Variationen von Drehzahl oder Last vorliegen, sondern diese von einer Vielzahl weiterer veränderter Parameter überlagert werden, kann aus den Messdaten keine direkte Aussage zur Auswirkung einer Veränderung dieser Größen auf die Verbrennung abgeleitet werden. Wie auch der vorangegangene Punkt muss sich hier während der Modellentwicklung zeigen, inwieweit bestimmte Einflüsse berücksichtigt werden müssen.

■ Die Tatsache, dass eine Gesamtarbeitsspielanalyse unter Betrachtung des Ladungswechsels an Stelle einer sonst zur Brennverlaufsmodell üblichen Druckverlaufsanalyse durchgeführt werden muss, birgt zusätzliche Unsicherheiten hinsichtlich der Randbedingungen für die Simulation.

Bezüglich des letzten Punkts ist zusätzlich zu bedenken, dass später auch die Simulation mit einer Ladungswechselanalyse gekoppelt werden muss, da in der Regel zwischen Einspritzzeitpunkt und Brennbeginn eine Phase mit mindestens einem geöffneten Ventil liegt. Da das Brennverfahren kontrollierte Benzinselbstzündung im Allgemeinen sehr sensitiv auf Veränderungen in den Randbedingungen reagiert, ist dies bei der späteren Beurteilung der Modellgüte zu bedenken.

4 Beschreibung des neuen Modellansatzes

4.1 Gesamtaufbau

Wie die Messdatenanalyse (siehe Kapitel 3.3) und optische Untersuchungen (siehe Kapitel 2.1.2.1) zeigen, kann auch während der kontrollierten Selbstzündung – zumindest unter bestimmten Randbedingungen - ein Verbrennungsfortschritt ähnlich jenem in einem konventionellen Ottomotor mit Fremdzündung auftreten, der durch das Fortschreiten einer Flammenfront ausgehend von einem Zündzentrum gekennzeichnet ist. Bisherige Modellierungsarbeiten (siehe Kapitel 2.2.4) berücksichtigen jedoch keinen Flammenausbreitungsmechanismus, sondern beschränken sich im Wesentlichen auf eine Modellierung der Reaktionskinetik in Verbindung mit lokalen Inhomogenitäten. Damit alleine können jedoch wesentliche Beobachtungen aus der Messdatenanalyse nur unzureichend erklärt und verstanden werden, zudem kann auch der Übergang zur konventionellen ottomotorischen Verbrennung – etwa im Rahmen eines Betriebsartenwechsels – damit nicht nachvollzogen werden. Insgesamt leitet sich daraus die Forderung nach einer gegenüber bisher bekannten Ansätzen erweiterten Modellvorstellung für die maßgeblichen Vorgänge und einem darauf aufbauenden neuen Brennverlaufsmodell ab.

Es erscheint damit auf jeden Fall sinnvoll, beide möglichen Mechanismen des Verbrennungsfortschritts in die Grundkonzeption des neuen Brennverlaufmodells aufzunehmen und neben der Volumenreaktion auch eine – an die veränderten Randbedingungen angepasste – Flammenausbreitung abzubilden, wobei sich für Letzteres als Basis das Entrainmentmodell (siehe Kapitel 2.2.2) anbietet. Für die Modellierung der Volumenreaktion, die den reaktionskinetisch dominierten Anteil der Verbrennung wiedergibt, muss in jedem Fall die gesamte Historie ab Einspritzbeginn ebenso wie mögliche Inhomogenitäten in der Temperatur oder in der Gemischverteilung berücksichtigt werden. Dies geschieht über ein „verteiltes Zündintegral", in dem die Zündverzüge für Gruppen unterschiedlicher Temperatur im Brennraum separat verfolgt werden (siehe Kapitel 4.2), sodass sich eine sequentielle Selbstzündung der einzelnen Gruppen ergibt.

Hieraus ergibt sich für das Gesamtmodell ein Aufbau mit zwei verschiedenen Anteilen „Flammenausbreitung" und „Volumenreaktion". Die Gesamtbrennrate berechnet sich dabei zu jedem Zeitpunkt aus der Summe der beiden Teilbrennraten, wobei es in den Extremfällen beim Ausbleiben von Selbstzündungen zu einer rein flammenausbreitungsbasierten Verbrennung wie in einem konventionellen Ottomotor kommt und bei Flammengeschwindigkeiten identisch null ausschließlich eine Volumenreaktion erfolgt, was der Vorstellung eines reinen, durch Inhomogenitäten sequentiell ablaufenden Selbstzündprozesses entspricht. Damit sind in der Grundkonzeption sowohl die Flammenausbreitung als auch die Volumenreaktion als grundsätzliche Mechanismen des Verbrennungsfortschritts enthalten, vergleiche *Abbildung 4.1*.

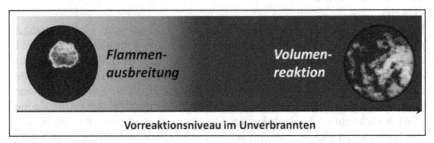

Abbildung 4.1:   Gegenüberstellung der beiden grundsätzlichen Mechanismen, die in der Betriebsart kontrollierte Benzinselbstzündung zum Verbrennungsfortschritt beitragen (Verbrennungsvisualisierungen aus [43])

In den meisten Fällen wird es unter den für kontrollierte Selbstzündung typischen Randbedingungen zu einer Überlagerung der beiden Mechanismen kommen, wobei bei hohen Restgasgehalten und Temperaturen und damit hohem Vorreaktionsniveau im Unverbrannten die Volumenreaktion dominiert und es mit Absinken dieser Werte zu einer immer stärker ausgeprägten Flammenausbreitung bei gleichzeitiger Spätverschiebung der Volumenreaktion kommt. Damit ist das Modell auch in der Lage, das reale Verhalten bei einem Betriebsartenwechsel wiederzugeben.

Diesen Zusammenhängen muss in der Modellierung insofern Rechnung getragen werden, als dass sich die Flammenausbreitung und die Volumenreaktion – da gleichzeitig stattfindend – auch gegenseitig beeinflussen können. Damit scheidet etwa eine vorher festgelegte Aufteilung der Kraftstoffmasse in Pools wie etwa bei der quasidimensionalen Modellierung der Dieselverbrennung [76] aus; vielmehr ergeben sich die jeweils über eine Flammenausbreitung oder eine Volumenreaktion verbrennenden Anteile dynamisch während der Verbrennung. Um nachzuvollziehen, wie dies in der Modellierung gelöst wird, ist es zunächst erforderlich, die beiden Anteile detaillierter zu beschreiben.

4.2 Berechnung der Volumenreaktion

Wie bereits erwähnt beruht die Modellierung der Volumenreaktion auf der Vorstellung eines sequentiell ablaufenden Selbstzündprozesses. Der Selbstzündvorgang selbst beruht auf der Reaktionskinetik, die im einfachsten Fall durch ein Zündintegral (siehe Kapitel 4.2.3) wiedergegeben werden kann. Der sequentielle Ablauf wird durch die Beschreibung von Inhomogenitäten über eine Normalverteilung sichergestellt, vergleiche Kapitel 4.2.2. Schließlich muss noch der Einfluss der Gemischbildung in der Phase direkt nach der Einspritzung berücksichtigt werden, wie im Folgenden ausgeführt wird.

4.2.1   Berechnung der Gemischbildung bei Direkteinspritzung

Wie die Ergebnisse der Druckverlaufsanalyse (siehe Kapitel 3.3) gezeigt haben, zeigt sich ein merklicher Einfluss von Gemischinhomogenitäten nur bei der Verbrennung im oberen Totpunkt des Gaswechsels (GOT-Verbrennung), während bei der Hauptverbrennung um ZOT selbst bei vergleichsweise späten Einspritzungen im unteren Totpunkt keine Anzeichen dafür festzustellen sind, dass sich der Kraftstoff bis Verbrennungsbeginn noch nicht in ausreichendem Maß mit der unverbrannten Luft vermischt hat. Aus Modellierungssicht folgt daraus, dass die Gemischbildung für frühe Einspritzzeitpunkte (mehr als 180°KW vor OT) nicht berücksichtigt werden muss, sondern von einer nahezu vollständigen Kraftstoffhomogenisierung ausgegangen werden kann, während bei späten Einspritzungen (weniger als 70°KW vor OT) der Vorgang der Gemischhomogenisierung in geeigneter Weise abgebildet werden muss.

Hierfür sind aus der phänomenologischen Modellierung der Dieselverbrennung verschiedene Ansätze bekannt, wie etwa der Paketansatz [87] oder der Scheibenansatz [76]. Diese bilden den Kraftstoffstrahl über Pakete oder Scheiben recht detailliert ab, was für die kontrollierte Benzinselbstzündung angesichts des insgesamt recht geringen Einflusses des Gemischbildungsvorgangs auf die Verbrennung nicht unbedingt notwendig erscheint. Alternativ zu einer solch detaillierten Betrachtung bietet es sich daher an, auf Ansätze zurückzugreifen, die den Gemischbildungsvorgang globaler betrachten und lediglich die spezifische Turbulenz im Brennraum als Haupteinflussgröße berücksichtigen. Ein solcher Ansatz wird unter anderem in [75] und in ähnlicher Form auch in [20], [7] verwendet und lässt sich formulieren als

$$\frac{dm_{Beimisch}}{dt} = c_{Beimisch} \cdot \left(m_{Zyl} - m_{Beimisch}\right) \cdot \frac{\sqrt{k}}{l_{char,GW}} \tag{4.1}$$

$\frac{dm_{Beimisch}}{dt}$ Massenstrom in den aufbereiteten Bereich [kg/s]

$c_{Beimisch}$	Parameter zur Abstimmung der Beimischung [-]
m_{Zyl}	Zylindermasse [kg]
$m_{Beimisch}$	Aufbereitete Masse [kg]
k	spezifische Turbulenz [m²/s²]
$l_{char,GW}$	charakteristische Länge [m]

Die darin enthaltene spezifische Turbulenz, in der auch die Einspritzturbulenz berücksichtigt wird, kann dabei nach dem k-ε-Modell berechnet werden, vergleiche Kapitel 2.2.2, wobei vorteilhaft ausgenutzt werden kann, dass dieses ohnehin für das Entrainmentmodell benötigt wird und somit keinen Mehraufwand verursacht. Als charakteristische Länge kann in Anlehnung an [75] der Kugelradius der Gemischwolke verwendet werden:

$$l_{char,GW} = \left(\frac{3}{4\pi} \cdot V_{GW}\right)^{\frac{1}{3}} \tag{4.2}$$

V_{GW} Volumen der Gemischwolke [m³]

Damit lässt sich durch Integration zu jedem Zeitschritt der aufbereitete Kraftstoffanteil bestimmen. Zur Abstimmung ist nur ein einziger Parameter, $c_{Beimisch}$, erforderlich. Es ergibt sich dabei bei geschlossenen Ventilen ein degressiver Anstieg der aufbereiteten Masse, wie er qualitativ in *Abbildung 4.2* anhand eines Einspritzzeitpunkt-Variation während der negativen Ventilüberschneidung um GOT dargestellt ist.

Der zeitliche Verlauf der Gemischbildung kann bei der Berechnung des Zündverzugs (siehe Kapitel 4.2.3) entsprechend berücksichtigt werden, indem das Zündintegral für später aufbereitete Gemischanteile auch erst später zu laufen beginnt („Versatz-Modus"). Hiermit kann auch die unvollkommene Verbrennung um GOT trotz ausreichender Sauerstoffmenge abgebildet werden: Spät aufbereitete Gemischanteile „verpassen" demnach die Phase höchster Temperatur und kommen daher nicht mehr zur Selbstzündung. Je nach Länge des Zündverzugs ergibt sich so eine charakteristische Brennverlaufsform mit unterschiedlich stark ausgeprägten steilen Anstieg in der frühen Phase (entsprechend einer Art Premixed-Anteil) und einem langsamen Ausbrand, wie in *Abbildung 4.3* exemplarisch dargestellt.

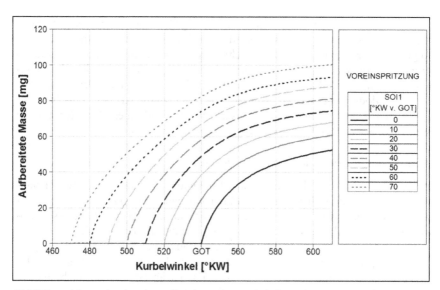

Abbildung 4.2:   Anstieg der aufbereiteten Masse bei einer Einspritzzeitpunkt-Variation während der negativen Ventilüberschneidung

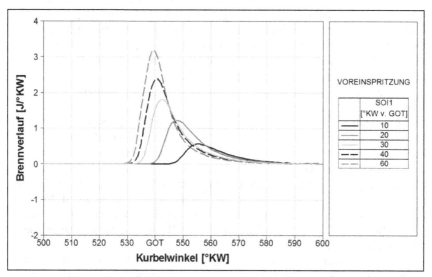

Abbildung 4.3:   Simulierter Brennverlauf der GOT-Verbrennung für eine Variation des Einspritzzeitpunkts

Um die Rechenzeit zu verkürzen, soll dagegen bei frühen Einspritzungen die Möglichkeit geschaffen werden, die vergleichsweise aufwändige Nachverfolgung des Zündintegrals für verschiedene Startzeitpunkte und Temperaturgruppen (vergleiche Kapitel 4.2.2) zu umgehen. Hierzu kann für einen bestimmten, vom Nutzer wählbaren Schwellwert des Einspritzzeitpunkts der aufwändige „Versatz-Modus" deaktiviert werden. Der Startzeitpunkt des Zündintegrals ergibt sich dann als Summe des Einspritzbeginns und eines charakteristischen Versatzes, der vom Nutzer direkt vorgegeben werden kann.

4.2.2 Beschreibung der Temperaturinhomogenitäten

Begreift man die kontrollierte Benzinselbstzündung als einen reinen Selbstzündvorgang, so würde sich aus einer nulldimensionalen, einzonigen Betrachtungsweise, die keine örtlichen Temperatur- oder Gemischunterschiede zulässt, automatisch eine simultane Selbstzündung des gesamten Brennrauminhalts ergeben, was zwar der idealisierten Vorstellung einer „Raumzündung" (vergleiche Kapitel 2.1.2) entspricht, nicht aber den realen Gegebenheiten. Wie in Kapitel 2.1.2 gezeigt, existieren real vielmehr Inhomogenitäten im Brennraum, insbesondere hinsichtlich der Temperatur, mit Abweichungen sowohl ober- als auch unterhalb der Mittelwerte. Diese sorgen dafür, dass die Vorreaktionen in bestimmten Brennraumbereichen schneller ablaufen als in anderen und es somit zu unterschiedlichen Zeitpunkten zur Zündung kommt: Aus der simultanen Selbstzündung im gesamten Brennraum wird somit ein sequentieller Selbstzündprozess. Obwohl lokale Unterschiede in nulldimensionalen Modellen nicht direkt dargestellt werden können, ist es also essentiell, die im Brennraum real vorliegenden Inhomogenitäten in geeigneter Weise abzubilden.

Eine gängige Möglichkeit hierzu ist die Einführung mehrerer Zonen, die sich hinsichtlich ihrer Temperatur und Zusammensetzung unterscheiden können. Die Verwendung eines zur Modellierung der kontrollierten Selbstzündung geeigneten Multizonenansatzes würde allerdings eine sehr große Anzahl an Zonen benötigen, um den Brennverlauf in zufriedenstellender Auflösung wiedergeben zu können: Bei Vernachlässigung der Flammenausbreitung wäre in einer solchen Modellierung die Anzahl der Zonen gleichbedeutend mit der Anzahl der Diskretisierungsstufen im Summenbrennverlauf[27]. Zudem müssten aufgrund der Konzentrations- und Temperaturunterschiede zwischen den einzelnen Zonen Wärme- und Stoffströme modelliert werden, was potentiell eine aufwändige Abstimmung des Modells bedeutet.

Demgegenüber erscheint es als pragmatischer Ansatz sinnvoll, die Modellierung thermodynamisch bei der für das Entrainmentmodell benötigten zweizo-

---

[27]   mit dem Sonderfall der „Raumzündung" bzw. Gleichraumverbrennung bei einzoniger Betrachtung

nigen Einteilung zu belassen und die Inhomogenitäten in anderer Form zu berücksichtigen. Hierzu wird ein „verteiltes Zündintegral" verwendet: Während die thermodynamische Berechnung also vollständig einem zweizonigen Ansatz folgt, wird in der Berechnung des Zündintegrals eine Verteilung für den Zündverzug relevanten Parameter angenommen, so dass es Gruppen höherer und niedriger Reaktionsfreudigkeit gibt, denen jeweils ein bestimmter Massenanteil zugeordnet ist. Entsprechend kommt es dann bei Erreichen eines Grenzwerts in einer bestimmten Gruppe zur vollständigen Verbrennung des entsprechenden Massenanteils. Es kommt somit im Modell zu einer sequentiellen Selbstzündung, in der nacheinander verschiedene Bereiche entsprechend ihrer Reaktionsfreudigkeit zünden, vergleiche *Abbildung 4.4*, was auch der Vorstellung von der realen Verbrennung entspricht.

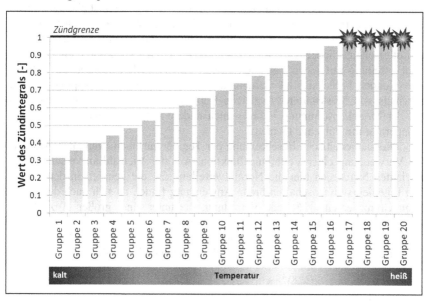

Abbildung 4.4: Veranschaulichung der sequentiellen Selbstzündung unter Annahme eines verteilten Zündintegrals für 20 verschiedene Temperaturgruppen

Da im Allgemeinen bei Vorliegen eines reaktionsfähigen Kraftstoff-Luft-Gemischs die Temperatur der Haupteinflussfaktor auf den Zündverzug ist, soll die „Verteilung der für den Zündverzug relevanten Parameter" im Folgenden als eine reine Temperaturverteilung betrachtet werden. Real existieren natürlich auch für weitere zündverzugsrelevante Größen Verteilungen, für die zwei Extremfälle denkbar sind:

■ vollständige Korrelation mit der Temperaturverteilung

■ vollständige Unabhängigkeit von der Temperaturverteilung

Im ersten Fall, der beispielsweise in weiten Teilen in guter Näherung für den Restgasgehalt angenommen werden kann, ist eine getrennte Behandlung der anderen Größen nicht notwendig, da sie ebenso gut über eine veränderte Streuung der Temperaturverteilung wiedergegeben werden können. Im zweiten Fall würde eine vollständige Erfassung aller Kombinationsmöglichkeiten die Rechenzeit und den Speicherbedarf sehr schnell ansteigen lassen. So müssten beispielsweise bei vollständig getrennter Betrachtung von drei Einflussgrößen in einer angenommenen Auflösung von 200 Gruppen bereits 8 Millionen Zündintegrale verfolgt werden. Zwar sind auch weniger genaue Auflösungen und Zwischenwege zwischen den genannten Extremfällen denkbar. Es ist aber auch dann eher nicht zu erwarten, dass sich daraus Effekte ergeben, die sich signifikant von einer veränderten Streuung einer reinen Temperaturverteilung unterscheiden. Damit erscheint die Behandlung der Inhomogenitäten alleine durch eine Temperaturverteilung auf jeden Fall zielführend. Hinsichtlich der Streuung selbiger muss jedoch berücksichtigt werden, dass deren quantitative Ausprägung sich durchaus von Messwerten (vergleiche Kapitel 2.1.2.3) unterscheiden kann, da bei der Modellabstimmung indirekt auch andere Inhomogenitäten als jene der Temperatur mit eingehen können.

Die mathematische Beschreibung der Temperaturinhomogenitäten erfordert die Verwendung einer Verteilungsfunktion. Aus der Vielzahl an verschiedenen Varianten bietet sich hier die Normalverteilung an, die generell in den Natur- und Ingenieurswissenschaften breite Anwendung findet, da sich nach dem zentralen Grenzwertsatz [26] jede Verteilung, die unter einer großen Anzahl von unabhängigen Einflüssen entsteht, ihr annähert [26].

Die Dichtefunktion f einer Größe x mit dem Erwartungswert μ und der Standardabweichung σ ist für die Normalverteilung definiert als [26]

$$f(x) = \frac{1}{\sigma \cdot \sqrt{2\pi}} \cdot e^{-\frac{1}{2}\left(\frac{x-\mu}{\sigma}\right)^2} \tag{4.3}$$

σ	Standardabweichung [Einheit der Zufallsvariablen]
μ	Mittelwert [Einheit der Zufallsvariablen]
x	Zufallsvariable [beliebige Einheit]
$f(x)$	Dichtefunktion der Normalverteilung [1/ Einheit der Zufallsvariablen]

Die zugehörige grafische Darstellung ist auch unter dem Namen Gaußsche[28] Glockenkurve bekannt, siehe *Abbildung 4.5*. Die hieraus durch Integration entstehende Verteilungsfunktion besitzt sigmoiden Charakter und ergibt sich zu

$$F(x) = \frac{1}{\sigma \cdot \sqrt{2\pi}} \cdot \int_{-\infty}^{x} e^{-\frac{1}{2}\left(\frac{\tilde{x}-\mu}{\sigma}\right)^2} d\tilde{x} \qquad (4.4)$$

$\tilde{x}$ Integrationsvariable [Einheit der Zufallsvariablen]

$F(x)$ Verteilungsfunktion der Normalverteilung [-]

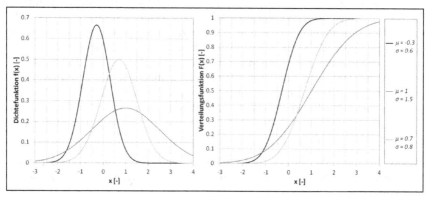

Abbildung 4.5:   Dichte- und Verteilungsfunktion der Normalverteilung für verschiedene Werte von Erwartungswert und Standardabweichung

Für den Sonderfall eines Erwartungswerts von μ = 0 und einer Standardabweichung von σ = 1 ergibt sich die sogenannte Standardnormalverteilung, für deren Dichte- bzw. Verteilungsfunktion gilt:

$$\varphi(x) = \frac{1}{\sigma \cdot \sqrt{2\pi}} \cdot e^{-\frac{1}{2}x^2} \qquad (4.5)$$

$\varphi(x)$ Dichtefunktion der Standardnormalverteilung [1/ Einheit der Zufallsvariablen]

$$\phi(x) = \frac{1}{\sigma \cdot \sqrt{2\pi}} \cdot \int_{-\infty}^{x} e^{-\frac{1}{2}\tilde{x}^2} d\tilde{x} \qquad (4.6)$$

ϕ Verteilungsfunktion der Standardnormalverteilung [-]

---

[28]   nach Johann Carl Friedrich Gauß (1777-1855), deutscher Mathematiker, Astronom und Physiker

Durch die Transformationen

$$z = \frac{x - \mu}{\sigma} \tag{4.7}$$

$\quad z \qquad$ Transformationsvariable [-]

lässt sich jede beliebige Normalverteilung mit geringem Aufwand in eine Standardnormalverteilung überführen. Dies ist insofern von Bedeutung, als dass das Integral in der Verteilungsfunktion sich nicht in eine elementare Stammfunktion zurückführen lässt. Es ergibt sich somit die Möglichkeit, das Integral einmalig für die Standardnormalverteilung zu tabellieren (siehe Anhang) und für jede andere Normalverteilung die Transformation zu benutzen, was aus Rechenzeitgründen sehr nützlich ist und daher auch im Modellcode ausgenutzt wird.

Einerseits kann die Temperaturverteilung auf diese Weise zwar mit nur zwei Parametern – der aktuellen Massenmitteltemperatur als Erwartungswert und der Standardabweichung als Abstimmparameter – beschrieben werden, andererseits sind dabei aber noch größere Unterschiede zu den Verhältnissen im Brennraum zu erwarten. Insbesondere wird dabei nicht den Beobachtungen Rechnung getragen, dass

■   die Streuung der Temperaturverteilung während der Kompression durch die kühlende Wirkung der Zylinderwände und des Kolbenbodens zunimmt (siehe Kapitel 2.1.2.3) und

■   sich ein nicht zu vernachlässigender Anteil der Masse im Zylinder in Wandnähe, in der Nähe des Feuerstegs oder im Feuersteg befindet.

Der letztgenannte Effekt wird nochmals dadurch verstärkt, dass durch die höheren Temperaturen und die damit niedrigeren Dichte im Verbrannten der umgesetzte Volumenanteil dem umgesetzten Massenanteil vorauseilt.. Obschon der Temperatur- und damit Dichteunterschied zwischen Verbranntem und Unverbranntem bei der kontrollierten Benzinselbstzündung geringer ausfällt und der Effekt damit im Vergleich zur konventionellen fremdgezündeten Betriebsart auch geringer ausfällt, bleibt er doch grundsätzlich bestehen, so dass eine erhebliche Auswirkung auf die späte Verbrennungsphase zu erwarten ist. Tatsächlich zeigen Simulationsrechnungen mit konstanter Standardabweichung und einfacher Normalverteilung, dass sie späte Verbrennungsphase so nicht zufriedenstellend wiedergegeben werden kann.

Um den nicht unwesentlichen Massenanteil in der Nähe der Brennraumwände und im Feuersteg berücksichtigen zu können, ist eine alternative mathematische Beschreibung der Temperaturverteilung erforderlich. Einen flexiblen Ansatz ermöglicht dabei aufbauend auf den bisherigen Überlegungen das Konzept einer sogenannten kontaminierten Normalverteilung [15]. Darin lässt sich die Dichtefunktion – und aufgrund der Linearität der Integration damit auch die Verteilungsfunktion – als Linearkombination[29] mehrerer Normalverteilungen darstellen:

$$f_K(x) = \sum_{i=1}^{n} \varepsilon_i \frac{1}{\sigma_i \cdot \sqrt{2\pi}} \cdot e^{-\frac{1}{2}\left(\frac{x-\mu_i}{\sigma_i}\right)^2} \tag{4.8}$$

$f_K(x)$	Dichtefunktion der kontaminierten Normalverteilung [1/Einheit der Zufallsvariablen]
ε	Anteil einer einzelnen Normalverteilung
i	Index der einzelnen Normalverteilungen [-]
n	Anzahl der überlagerten Normalverteilungen [-]

Die Anzahl n der untergeordneten Normalverteilungen ist dabei prinzipiell beliebig unter der Nebenbedingung

$$\sum_{i=1}^{n} \varepsilon_i = 1 \tag{4.9}$$

Der Einfluss auf die Dichtefunktion ist exemplarisch in *Abbildung 4.6* veranschaulicht. Es wird daraus deutlich, dass mit vergleichsweise geringem Aufwand und mit sehr wenigen überlagerten Normalverteilungen die Form der Verteilungsfunktion deutlich beeinflusst werden kann. Damit ermöglicht die Beschreibung einer Temperaturverteilung als kontaminierte Normalverteilung aus Modellierungssicht auch maximale Flexibilität zur Beschreibung der Inhomogenitäten im Brennraum. Betrachtet man die Anzahl der möglichen Abstimmparameter, ergeben sich für n Subnormalverteilungen 3n - 2 Abstimmparameter (jeweils Erwartungswert, Standardabweichung und Massenanteil abzüglich zweier Zwangsbedingungen, dass die Summe der Massenanteile 1 ergeben muss und der massengewichtete Mittelwert der Erwartungswerte der Massenmitteltemperatur entsprechen muss), womit die Komplexität gleichzeitig in Grenzen gehalten werden kann.

---

[29] Genau genommen handelt es sich um den Sonderfall eine Konvexkombination.

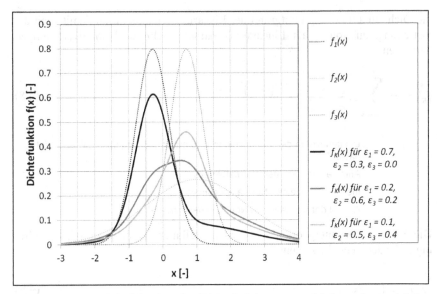

Abbildung 4.6:   Beispiele für die Dichtefunktionen verschiedener kontaminierter Normalverteilungen

Die einzelnen Normalverteilungen innerhalb der kontaminierten Gesamt-normalverteilung lassen sich interpretieren als unterschiedliche Bereiche[30] im Brennraum, die sich hinsichtlich ihrer Temperaturverteilung unterscheiden. Ent-sprechend den vorangegangenen Überlegungen ist es sinnvoll, zunächst zwei solche Bereiche zu unterscheiden: einen Normalbereich und einen Wandein-flussbereich. Durch den letzteren kann abgebildet werden, dass die Temperaturen in Wandnähe zum einen im Mittel niedriger liegen und zum anderen der Tempe-raturunterschied zu den Bereichen in der Brennraummitte zunimmt. Da also innerhalb des Wandeinflussbereich sowohl verhältnismäßig kalte Unterbereiche existieren als auch solche, die sehr nahe an den Verhältnissen des Normalbe-reichs liegen, ergibt sich zwangsläufig auch eine größere Standardabweichung, siehe *Abbildung 4.7.*

---

[30] An dieser Stelle wird bewusst die Bezeichnung „Bereiche" verwendet, da es sich um keine thermodynamischen Zonen handelt – aus thermodynamischer Sicht bleibt es bei der zweizonigen Betrachtung mit einer verbrannten und einen unverbrannten Zone.

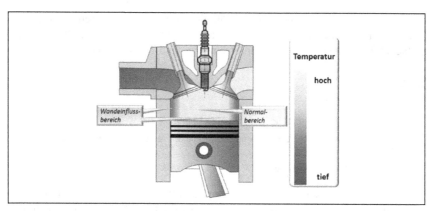

Abbildung 4.7: Einteilung des Brennraumos in einen Normal- und einen Wandeinflussbereich

Zunächst erscheint es naheliegend, den Wandeinflussbereich identisch mit der thermischen Grenzschicht im Brennraum zu wählen. Da der Wandeinflussbereich jedoch durch eine Normalverteilung wiedergegeben werden soll, wäre ein solches Vorgehen ungünstig, da die Mitteltemperatur des Wandbereichs sich dann deutlich von jener des Normalbereichs unterscheiden und sich hierdurch eine Gesamttemperaturverteilung mit zwei Extrema ergeben würde, die physikalisch unplausibel ist. Die Symmetrie der Normalverteilung erfordert also, dass auch ein Teil außerhalb der thermischen Grenzschicht zum Wandeinflussbereich gerechnet wird. Die Größe des Wandeinflussbereichs ist also im Kontext der Beschreibung über eine Normalverteilung zunächst eher eine Definitionsfrage als ein über die Grenzschichttheorie zu klärendes Problem.

Die mittlere Temperatur des Wandeinflussbereichs muss in jedem Fall zwischen der Wandtemperatur und der Mitteltemperatur im Unverbrannten liegen. Würde der Wandeinflussbereich lediglich den Bereich der thermischen Grenzschicht umfassen, wäre eine naheliegende Formulierung für den Fall einer Approximation des Temperaturverlaufs innerhalb der Grenzschicht durch eine Gerade gegeben durch

$$\mu_{T,WEB} = \frac{T_W + T_{uv}}{2} \tag{4.10}$$

$\mu_{T,WEB}$ Mitteltemperatur des Wandeinflussbereichs [K]

T_W Wandtemperatur [K]

Bei konstanter Wandtemperatur und ähnlichen Dicken der Grenzschicht von Strömung und Temperatur[31] ergibt sich aus der Energie- und Impulsbilanz ein einfacher Zusammenhang zwischen Strömungs- und Temperaturfeld [81]:

$$\frac{u(x)}{u_\infty} = \frac{T(x) - T_W}{T_{uv} - T_W} \qquad (4.11)$$

$u(x)$	Lokale Strömungsgeschwindigkeit [m/s]
u_∞	Ungestörte Strömungsgeschwindigkeit außerhalb des Wandeinflussbereichs [m/s]
$T(x)$	lokale Temperatur [K]

Im oben beschriebenen Fall einer linearen Approximation wird also die mittlere Strömungsgeschwindigkeit als halb so groß wie die ungestörte angenommen. Da der Strömungsverlauf für einen mittleren Bereich der Grenzschicht allerdings tatsächlich dem logarithmischen Wandgesetz [57] folgt und damit eine konvexe Krümmung aufweist, liegt die mittlere Strömungsgeschwindigkeit real höher, vergleiche *Abbildung 4.8*. Da zudem auch Bereiche außerhalb der thermischen Grenzschicht zur Wandeinflusszone zählen sollen, wird schließlich gesetzt:

$$\mu_{T,WEB} = 0{,}95 \cdot T_{uv} + 0{,}05 \cdot T_W \qquad (4.12)$$

Die Festlegung dieses Werts ist zwar in gewisser Weise willkürlich, zur Definition des Wandeinflussbereichs aber erforderlich. Zudem ist der Wert entsprechend der vorangegangenen Abschätzung physikalisch plausibel und stellt einen Bezug zur Wandtemperatur her, so dass sich der Abstand der Mitteltemperaturen von Wandeinfluss- und Normalbereich in der Kompressionsphase voneinander entfernen. Gleichzeitig steigt damit auch die Standardabweichung der Gesamttemperaturverteilung, für die im Sonderfall n = 2 bei einer kontaminierten Normalverteilung gilt [15]:

$$\sigma_K = \sqrt{\varepsilon_1 \sigma_1{}^2 + \varepsilon_2 \sigma_2{}^2 + \varepsilon_1 \varepsilon_2 (\mu_1 - \mu_2)^2} \qquad (4.13)$$

σ_K	Standardabweichung der kontaminierten Normalverteilung [Einheit der Zufallsvariablen]

Zu beachten ist hierbei noch, dass durch die Festlegung der Mitteltemperatur des Wandeinflussbereichs auch dessen Massenanteil der Größenordnung nach festgelegt wird. Dies soll in einem Exkurs mithilfe einiger vereinfachender Annahmen und Abschätzungen kurz diskutiert werden.

---

[31]   entsprechend einer Prandtl-Zahl von *Pr ≈ 1*

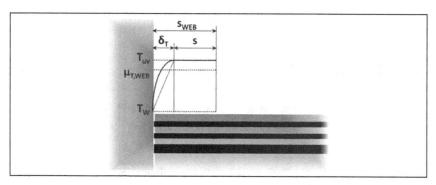

Abbildung 4.8: Abschätzungen zur Festlegung der Mitteltemperatur des Wandeinflussbereichs

Betrachtet man das Temperaturprofil im Wandeinflussbereich gemäß der vereinfachten linearen Darstellung in *Abbildung 4.8*, so ergibt sich aus der Definition in Gleichung (4.12) für die Länge s unter Vernachlässigung der Krümmung und unter der Annahme einer konstanten Dichte der Zusammenhang

$$s = 9 \cdot \delta_t \tag{4.14}$$

δ_t Grenzschichtdicke [m]

s   Zusatzdicke des Wandeinflussbereichs [m]

Die Grenzschichtdicke δ_t kann grob abgeschätzt werden durch den Zusammenhang

$$\delta_t = \frac{\lambda_G}{\alpha_W} \tag{4.15}$$

λ_G Wärmeleitfähigkeit des Brennraumgases [W/(m·K)]

α_W Wandwärmeübergangskoeffizient [W/(m²·K)]

so dass sich für typische Werte für die Wärmeleitfähigkeit λ_G und die Wärmeübergangszahl α_W ein Wert in der Größenordnung von Zehntelmillimetern ergibt:

$$\delta_t \approx 0{,}2 \; mm \tag{4.16}$$

Die Gesamtdicke des Wandeinflussbereichs beträgt damit

$$s_{WEB} = s + \delta_t = 10 \cdot \delta_t \approx 2mm \tag{4.17}$$

s_{WEB} Wandeinflussbereichsdicke [m]

Für einen zylindrischen Brennraum lässt sich damit der Volumenanteil des Wandeinflussbereichs bestimmen:

$$\frac{V_{WEB}}{V_{ges}} = \frac{D^2 - (D - 2 \cdot s_{WEB})^2}{D^2}$$
(4.18)

V_{WEB}	Volumen des Wandeinflussbereichs [m³]
V_{ges}	Gesamtvolumen des Brennraums [m³]
D	Bohrungsdurchmesser [m]

Für einen beispielhaft angenommenen Bohrungsdurchmesser von 80 mm ergibt sich folglich der Volumenanteil zu

$$\frac{V_{WEB}}{V_{ges}} \approx 10\%$$
(4.19)

Da die Temperatur innerhalb des Wandeinflussbereichs niedriger liegt als im Normalbereich, ist der Massenanteil nochmals entsprechend größer. Insgesamt können somit Massenanteile in der Größenordnung von 10% bis 30% für den Wandeinflussbereich als plausibel gelten.

Abschließend muss noch die Standardabweichung des Wandeinflussbereichs festgelegt werden. Um den Abstimmungsaufwand des Modells zu reduzieren, werden die beiden Standardabweichungen aneinander gekoppelt:

$$\sigma_{WEB} = c_{\sigma,WEB-NB} \cdot \sigma_{NB}$$
(4.20)

σ_{WEB}	Standardabweichung der Temperatur im Wandeinflussbereich [K]
$c_{\sigma,WEB-NB}$	Verhältnis der Standardabweichungen von Wandeinfluss- und Normalbereich (Abstimmparameter) [-]
σ_{NB}	Standardabweichung der Temperatur im Normalbereich [K]

Darin gilt für den Parameter $c_{\sigma,WEB-NB}$>1, da – wie bereits diskutiert – die Standardabweichung des Wandeinflussbereichs höher liegen muss als innerhalb des Normalbereichs. Da sich das Verhältnis der Standardabweichungen in erster Linie aus der Definition des Wandeinfluss- und Normalbereichs ergibt und es damit weitgehend unabhängig von veränderlichen Randbedingungen ist, wird es in der Parameter $c_{\sigma,WEB-NB}$ in der Praxis eher Modellkonstante als Abstimmparameter sein. Dies bietet in der Anwendung des Modells den Vorteil, dass die Abstimmung der Standardabweichung für den Normalbereich ausreichend ist und somit ein Abstimmparameter eingespart wird.

Geht man davon aus, dass die Wandtemperatur aus einem anderen Modul bekannt ist, verbleiben damit zur Abstimmung der Inhomogenitäten die Standardabweichung des Normalbereichs und der Massenanteil des Wandeinflussbereichs als einzige Abstimmparameter. Die Mitteltemperatur des Normalbereichs und sein Massenanteil ergeben sich nämlich automatisch aus den angesprochenen Zwangsbedingungen für die Massenmitteltemperatur und die Summe der Massenanteile zu

$$\varepsilon_{NB} = 1 - \varepsilon_{WEB} \tag{4.21}$$

ε_{NB}	Massenanteil des Normalbereichs [-]
ε_{WEB}	Massenanteil des Wandeinflussbereichs [-]

$$\mu_{T,NB} = \frac{T - \varepsilon_{WEB} \cdot \mu_{T,WEB}}{\varepsilon_{NB}} \tag{4.22}$$

$\mu_{T,NB}$	Mitteltemperatur im Normalbereich [K]
$\mu_{T,WEB}$	Mitteltemperatur im Wandeinflussbereich [K]

Damit ist die Temperaturverteilung als Maß für die vorhandenen Inhomogenitäten im Brennraum zu jedem Zeitpunkt eindeutig bestimmt.

4.2.3 Berechnung des Zündverzuges

Anders als bei der konventionellen fremdgezündeten ottomotorischen Verbrennung erfordert die Modellierung der kontrollierten Benzinselbstzündung ähnlich wie bei Dieselmotoren die Berechnung des Zündverzugs. Hiermit wird das chemische Reaktionsverhalten des Kraftstoff-Luft-Gemischs im Brennraum beschrieben, welches in der Realität äußerst komplex ist und durch mehr oder weniger detaillierte Reaktionsmechanismen beschrieben werden kann. Selbst unter Vernachlässigung der genauen Kraftstoffzusammensetzung ergeben sich hierbei selbst bei Betrachtung einfacher n-Alkane teilweise vierstellige Anzahlen an Reaktionsgleichungen bei dreistelligen Anzahlen an beteiligten Spezies [24]. Trotz des erheblichen Aufwands liefert die Verwendung solcher Reaktionsmechanismen insbesondere bei Anwendung in nulldimensionalen Modellen und bei geringen Zonenzahlen oftmals keine zufriedenstellende Ergebnisse [75], was möglicherweise auch durch die Abstimmung der Mechanismen anhand von Stoßrohrversuchen [24] bedingt ist, deren Randbedingungen sich teilweise deutlich von den Verhältnissen im Brennraum unterscheiden.

Ein einfacherer, in der nulldimensionalen Modellierung etwa bei der Berechnung der dieselmotorischen Verbrennung oder des Klopfens weit verbreiteter Ansatz besteht darin, die gesamte Reaktionskinetik durch eine einzelne,

summarische Ersatzreaktion zusammenzufassen, deren Geschwindigkeitskoeffizient über die Arrhenius-Gleichung beschrieben werden kann [3]:

$$k = A \cdot e^{-\frac{E_A}{\Re T}} \tag{4.23}$$

k	Geschwindigkeitskoeffizient [(m³/mol)^{Reaktionsordnung}/s]
A	präexponentieller Faktor [(m³/mol)^{Reaktionsordnung}/s]
E_A	Aktivierungsenergie [J/mol]
$\Re$	universelle Gaskonstante [(J/(mol·K)]

Zu beachten ist, dass die Aktivierungsenergie in Gleichung (4.23) keiner Aktivierungsenergie einer realen Reaktion entspricht, sondern jener der Ersatzreaktion. Es handelt sich damit ebenso wie bei dem präexponentiellen Faktor um einen
Abstimmparameter, der zwar erst während der Modellabstimmung bestimmt
werden kann, aber motorunabhängig konstant sein sollte.

Abhängig von der Reaktionsordnung der betrachteten Reaktion ergibt sich
aus dem Geschwindigkeitskoeffizienten die Reaktionsgeschwindigkeit. Während
für eine Reaktion nullter Ordnung der Geschwindigkeitskoeffizient mit der
Reaktionsgeschwindigkeit identisch ist, muss er bei Reaktionen höherer Ordnung
noch mit den Konzentrationen der Edukte multipliziert werden. So ergibt sich
beispielsweise für eine Reaktion zweiter Ordnung [71], etwa der Form

$$A + B \rightarrow C + D \tag{4.24}$$

A	Summenformel des Edukts A [-]
B	Summenformel des Edukts B [-]
C	Summenformel des Produkts C [-]
D	Summenformel des Produkts D [-]

die Reaktionsgeschwindigkeit als Produkt des Geschwindigkeitskoeffizienten
nach Gleichung (4.23) und der Konzentration der Edukte [71]:

$$v = k \cdot c_A \cdot c_B \tag{4.25}$$

c_A	Konzentration des Stoffs A [mol/m³]
c_B	Konzentration des Stoffs B [mol/m³]

Darüber hinaus kann die Reaktionsgeschwindigkeit von Gasreaktionen auch
stark vom Druck abhängen. Dies ist beispielsweise der Fall, wenn Reaktionen
unter Beteiligung eines „neutralen Stoßpartners" (oftmals Stickstoffmoleküle)
ablaufen, und insbesondere auch beim Zerfall größerer Radikale in ein stabiles

Molekül und ein kleineres Radikal, wie er bei der Radikalkettenreaktion von Kohlenwasserstoffen vorkommt, gegeben [71]. Entsprechend ist die Grundform der Arrhenius-Gleichung in verschiedenen Arbeiten, insbesondere zur Modellierung des Zündverzugs beim Dieselmotor, um verschiedene, reaktionskinetisch plausible Faktoren erweitert worden. Diese umfassen unter anderem Abhängigkeiten von Druck, Sauerstoff- und Kraftstoff-konzentrationen sowie – zur Erfassung des lokalen Temperaturanstiegs in der Nähe des Zündortes – von der während der vorangegangenen Verbrennung frei-gesetzten Wärme [28] [76]. Daneben kommt im Falle der kontrollierten Benzin-selbstzündung auch ein möglicher Einfluss durch Radikale, der in zahlreichen Untersuchungen beschrieben wird [65] [89] [55] und für einer der ersten An-wendungen der Benzinselbstzündung am realen Motor sogar namensgebend war („Activated Radical Combustion" [47]). Eine mögliche erweiterte Formulierung für die Reaktionsgeschwindigkeit lautet damit:

$$r = A \cdot c_{kr}{}^{ex_{Kr}} \cdot c_{O2}{}^{ex_{O2}} \cdot c_{RAD}{}^{ex_{rad}} \cdot p \cdot e^{-\frac{E_A}{\Re \cdot (T + f_{lok,T} \cdot Q_B)}} \qquad (4.26)$$

r	Reaktionsrate [1/s]
c_{Kr}	Kraftstoffkonzentration [mol/m³]
ex_{Kr}	Exponent des Kraftstoffkonzentrationseinflusses (Abstimmparameter) [-]
c_{O2}	Sauerstoffkonzentration [mol/m³]
ex_{O2}	Exponent des Sauerstoffkonzentrationseinflusses (Abstimmparameter) [-]
c_{Rad}	Radikalkonzentration [mol/m³]
ex_{Rad}	Exponent des Radikalkonzentrationseinflusses (Abstimmparameter) [-]
ex_p	Exponent des Druckeinflusses (Abstimmparameter) [-]
$f_{lok,T}$	Einflussfaktor des lokalen Temperaturanstiegs (Abstimmparameter) [-]
Q_B	Bis zum betrachteten Zeitraum freigesetzte Wärmemenge [-]

Aufgrund der Schwierigkeiten bei der Verwendung detaillierter Reaktionsme-chanismen und des damit verbundenen, zum Teil erheblichen Rechenaufwands, wurde im Rahmen dieser Arbeit zunächst die Tragfähigkeit eines Arrhenius-Ansatzes nach Gleichung (4.26) überprüft. Dabei zeigte sich, dass sich mit der sehr einfach gehaltenen Formulierung

$$r = A \cdot c_{Rad} \cdot c_{O2} \cdot p \cdot e^{-\frac{E_A}{R \cdot T}} \qquad (4.27)$$

sehr gute Ergebnisse erzielen lassen (vergleiche Kapitel 5). Dabei werden als einzige Erweiterungen gegenüber der Grundform der Arrhenius-Gleichung der Sauerstoff- und die Radikalkonzentration verwendet.

Dass anstelle der Kraftstoffkonzentration die Radikalkonzentration auftritt, mag zunächst erstaunlich erscheinen. Es lässt sich so interpretieren, dass der geschwindigkeitsbestimmende Schritt, der mit der Gleichung abgebildet wird, von der Radikalkonzentration abhängt, die in einem vorangegangenen Schritt aus den Kraftstoffmolekülen gebildet werden, was im Einklang zu den Erklärungen in Kapitel 2.1.2.2 steht. Die Radikalkonzentration selbst hängt in der Betriebsart kontrollierte Benzinselbstzündung allerdings stark von der vorhandenen Menge an heißem Restgas ab, sodass die Kraftstoffkonzentration demgegenüber im untersuchten Variationsbereich offensichtlich vernachlässigt werden kann, zumal sich die Kraftstoffmenge in der Betriebsart kontrollierte Benzinselbstzündung wegen des geringen Lastbereichs ohnehin nur recht schwach ändert[32]. Hinsichtlich des Radikaleinflusses muss zunächst ein Maß für deren Bestimmung gefunden werden, da deren Konzentration im Unterschied zu jener von Sauerstoff nicht automatisch bilanziert wird. Es erscheint gemäß den Vorstellungen zum Radikaleinfluss, nach dem Radikale aus dem Restgas den Zündverzug verkürzen, und unter der Berücksichtigung der Tatsache, dass bei der Zündverzugsabstimmung kein signifikanter Einfluss der Kraftstoffkonzentration festgestellt werden konnte, naheliegend, zunächst eine Proportionalität zum stöchiometrischen Restgasgehalt anzunehmen:

$$c_{Rad} = \mu_{Rad} \cdot x_{AGR,st} \tag{4.28}$$

μ_{Rad} Proportionalitätsfaktor zwischen Radikalkonzentration und Restgasgehalt [mol/m³]

$x_{AGR,st}$ stöchiometrischer Restgasgehalt [-]

Der darin vorkommende Proportionalitätsfaktor μ_{rad} lässt sich mit dem präexponentiellen Faktor der Arrhenius-Gleichung verrechnen, so dass sich kein zusätzlicher Abstimmparameter ergibt. Hierin ist jedoch noch vernachlässigt, dass sich die Aktivität der Radikale im Restgas deutlich unterscheiden kann, je nachdem ob das Restgas im Brennraum rückgehalten wird oder wieder aus dem Auslasskanal rückgesaugt wird. Wie experimentelle Befunde zeigen (vergleiche Kapitel 2.1.2.4), wirkt sich am realen Motor das im Brennraum rückgehaltene Abgas deutlich günstiger auf eine Verkürzung des Zündverzugs aus, was sich auch aus der zur Modellentwicklung verwendeten Messdatenbasis heraus bestätigen lässt, vergleiche Kapitel 3.3.6. Demnach ist trotz eines ähnlich hohen Restgasgehalts

---

[32]   Formal ergibt sich damit allerdings auch, dass bei fehlendem Restgas das Zündintegral gar nicht mehr voranschreitet. Während in der Betriebsart kontrollierte Benzinselbstzündung immer von einem signifikanten Restgasgehalt ausgegangen werden kann, müsste für eine allgemeingültigere Formulierung damit auch der Einfluss der Kraftstoffkonzentration auf die Radikalkonzentration abgebildet werden, worauf mangels Validierungsmöglichkeiten aber hier verzichtet wurde.

in der Restgasstrategie „Abgasrücksaugen" eine deutlich höhere Temperatur zu erreichen, bevor es zum Brennbeginn kommt.

Diese Beobachtung soll durch eine Korrektur von Gleichung (4.28) berücksichtigt werden:

$$c_{Rad} = \mu_{Rad}\left(x_{AGR,st,BRH} + f_{red} \cdot x_{AGR,st,AK}\right) \qquad (4.29)$$

$x_{AGR,st,BRI}$ stöchiometrischer Restgasgehalt bei ausschließlicher Berücksichtigung des im Brennraum rückgehaltenen Abgases [-]

f_{red} Reduktionsfaktor für verminderte Aktivität in zurückgesaugtem Abgas [-]

$x_{AGR,st,AK}$ stöchiometrischer Restgasgehalt bei ausschließlicher Berücksichtigung des zurückgesaugten Abgases [-]

Es ergibt sich somit ein weiterer Abstimmparameter f_{red}, der insbesondere im Falle eines Wechsels der Restgasstrategie von Bedeutung ist. Er beschreibt letztlich, dass im kälteren, rückgesaugten Abgas weniger verbrennungsfördernde Radikale vorhanden sind als im heißeren, rückgehaltenen Restgas. Indirekt geht in diesen Faktor auch der Grad der Restgasschichtung im Brennraum mit ein, da eine verringerte Schichtung gleichbedeutend mit einer besseren Vermischung mit Frischgemisch ist, wodurch ebenfalls eine Verminderung der Radikalkonzentration zu erwarten ist[33]. Für die konkrete Berechnung des Zündverzugs wird im Modell Gleichung (4.27) verwendet, wobei alle verwendeten Größen – Temperatur, Sauerstoffpartialdruck und Restgasgehalt – stets im Unverbrannten betrachtet werden, da ja auch hier die Vorreaktionen ablaufen.

Entsprechend den Ausführungen in Kapitel 4.2.2 wird bei der Berechnung auch die Temperaturverteilung berücksichtigt. Dies geschieht, indem der Brennraum gedanklich in eine bestimmte Anzahl an Gruppen[34] eingeteilt wird, der jeweils ein fester Massenanteil und eine diskrete Temperatur zugewiesen wird, was sich jeweils aus der Häufigkeitsverteilung der Temperatur ergibt. Es existieren somit in der Vorstellung mehrere Gruppen von „kalt" bis „heiß", für die Gleichung (4.27) jeweils über der Zeit[35] aufintegriert wird

---

[33] Grundsätzlich erscheint es damit denkbar, den Parameter f_{red} gemäß der Verweildauer bei niedrigen Temperaturen und der zu erwartenden Schichtung zu modellieren, was allerdings aufgrund der fehlenden Variantenbreite hier nicht sinnvoll möglich war.

[34] Es sei erneut darauf hingewiesen, dass es sich dabei um keine thermodynamischen Zonen handelt.

[35] Der sich daraus prinzipiell ergebende Drehzahleinfluss konnte in den Messdaten nicht festgestellt werden, weswegen eine Integration über dem Kurbelwinkel implementiert wurde. Die Zusammenhänge werden in Anhang A.1 diskutiert.

$$R = \int_{t_{EB}}^{t} A \cdot c_{Rad} \cdot c_{O2} \cdot p \cdot e^{-\frac{E_A}{\Re T}} dt \tag{4.30}$$

R	Integral der Reaktionsrate („Zündintegral") [-]
t_{EB}	Einspritzbeginn [s]
t	Zeit [s]

bis eine bestimmte Grenze des Integralwerts erreicht ist:

$$R = 1 \tag{4.31}$$

Anschließend wird für die betreffende Gruppe das Zündintegral nicht mehr weiterverfolgt, sondern der Massenanteil[36] der jeweiligen Gruppe von der unverbrannten Zone in die verbrannte Zone verschoben und entsprechend der Menge des darin enthaltenen Kraftstoffs Wärme freigesetzt. Zur Vermeidung von Stufigkeiten im Brennverlauf bei gleichzeitiger Begrenzung der Diskretisierung in Gruppen wird dabei zwischen der Gruppe, die die Grenze des Integralwerts erreicht hat und jener, die gerade darunter liegt, linear interpoliert.

Für ein solches Vorgehen ist die Annahme erforderlich, dass die zu Beginn heißesten Gruppen dies auch während der gesamten Zündverzugszeit bleiben. Diese Temperaturkonsistenz mag in der Realität nicht immer sichergestellt sein, stellt aber insofern eine berechtigte Vereinfachung dar, als dass erstens die Wärmeleitfähigkeit der Brennraumgase höchstens zu einem Temperaturausgleich führt und zweitens die Auswirkungen einer tatsächlichen Abweichung von der Temperaturkonsistenz eher vernachlässigbar sein dürften. Nimmt man beispielsweise an, dass anfangs heiße Gruppen mit einem hohen Restgasgehalt assoziiert sind und sich aufgrund der höheren spezifischen Wärmekapazität desselben langsamer aufwärmt, bis es von einer kälteren, restgasärmeren Gruppe hinsichtlich der Temperatur übertroffen wird, würde dies letzten Endes in erster Linie zu einer Annäherung der Zündzeitpunkte der jeweiligen Gruppen führen. Derselbe Effekt könnte jedoch auch durch eine geringere Standardabweichung erzielt werden, die ohnehin als Abstimmparameter verwendet wird. Der erhebliche Mehraufwand in der Modellierung, der sich bei Verzicht auf die Annahme der Temperaturkonsistenz ergeben würde, erscheint damit in jedem Fall vermeidbar.

Abschließend ist in *Abbildung 4.9* nochmals veranschaulicht, wie der Verbrennungsfortschritt durch die Berechnung eines „verteilten Zündintegrals" zu Stande kommt: Dargestellt ist eine Momentaufnahme, bei der etwa die Hälfte der

---

[36] Bei gleichzeitig stattfindender Entrainment-Verbrennung wird der Massenanteil um einen bereits über Entrainment verbrannten Anteil reduziert, vergleiche Kapitel 4.4.2.

Masse bereits verbrannt ist und eine weitere Temperaturgruppe gerade zündet, während die kälteren Temperaturgruppen noch unverbrannt sind.

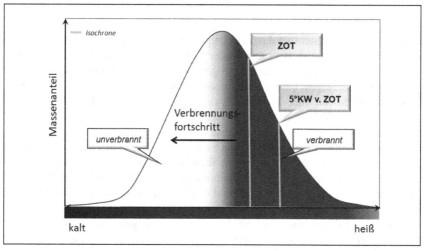

Abbildung 4.9: Verbrennungsfortschritt anhand des "verteilten Zündintegrals" unter Vernachlässigung der Flammenausbreitung

4.3 Anpassungen am Entrainmentmodell

Aufgrund der veränderten Randbedingungen in der Betriebsart kontrollierte Benzinselbstzündung gegenüber jenen während einer konventionellen ottomotorischen Verbrennung müssen Modifikationen am Entrainmentmodell (siehe Kapitel 2.1.1) vorgenommen werden. Dies betrifft im Wesentlichen zwei Punkte: Zum einen muss die Beschreibung der Flammenoberfläche überarbeitet werden, da die Flammenausbreitung nicht mehr nur von einem Zündort bekannter Position – der Zündkerze – ausgeht, sondern von mehreren Orten gleichzeitig. Zum anderen muss auch die Berechnung der Flammengeschwindigkeit selbst überdacht werden. Grund hierfür ist, dass im Gegensatz zu den Verhältnissen bei einem konventionellen fremdgezündeten ottomotorischen Brennverfahren die Flamme in Bereiche hineinläuft, in denen schon zu einem großen Umfang Vorreaktionen abgelaufen sind und in denen eine Selbstzündung möglicherweise schon kurz bevorsteht. Beiden Veränderungen gemeinsam ist, dass sie erst signifikant werden, wenn in erheblichem Umfang Vorreaktionen im Unverbrannten abgelaufen sind bzw. erste Selbstzündungen stattgefunden haben. Damit ist ein konsistenter Übergang zu dem bewährten konventionellen Entrainmentmodell gewährleistet und das Modell besitzt die Fähigkeit, auch die fremdgezündete Verbrennung mit laminar-turbulenter Flammenausbreitung abzubilden.

4.3.1   Berücksichtigung der veränderten Flammenoberfläche

Aus physikalischer Sicht ist davon auszugehen, dass von einem Zündort – unabhängig davon, ob es sich um Fremd- oder Selbstzündung handelt – im Allgemeinen auch eine Flammenausbreitung ausgehen kann, sofern unter den herrschenden Randbedingungen eine Flammengeschwindigkeit über null vorliegt. Die dabei erfasste Masse muss zwar nicht notwendigerweise signifikant sein – so ist es z.B. denkbar, dass angrenzende unverbrannte Masse bereits durch Selbstzündung verbrennt, bevor die Flamme diese erreicht hat – für das Modell macht es aber dennoch Sinn, einen solchen Mechanismus grundsätzlich zuzulassen. Dies gilt insbesondere für Fälle, in denen die Randbedingungen aus Restgasgehalt und Luftverhältnis vergleichsweise hohe Flammengeschwindigkeiten zulassen und in frühen Verbrennungsphasen, in denen die zeitlichen Abstände einzelner Selbstzündungen noch verhältnismäßig weit auseinander liegen.

Geht man davon aus, dass die Anzahl und die zugehörigen Zeitpunkte der Selbstzündungen aus dem Untermodell für das Zündintegral (siehe Kapitel 4.2.3) bekannt ist, verbleiben noch folgende Unsicherheiten, die sich aus den unbekannten Orten der Selbstzündung ergeben:

■   Es lässt sich nicht vorhersagen, wann Flammenfronten unterschiedlicher Zündzentren aufeinander stoßen.

■   Es lässt sich nicht vorhersagen, wann Flammenfronten auf die Brennraumbegrenzungen treffen.

Da die Zündorte in der Realität immer stochastischen Schwankungen unterworfen sein werden, kann eine pragmatische Lösung dieser Probleme sinnvollerweise nur darin bestehen, die Kenntnis über die genaue räumliche Aufteilung durch Aufenthalts- oder Verteilungswahrscheinlichkeiten zu ersetzen. Es ergibt sich damit folgender schrittweiser Lösungsweg zur definierten Beschreibung der Flammenoberfläche ausgehend von multiplen Zündorten:

■   Bestimmung der aktuellen Zündzentrenanzahl und der zugehörigen Zeitpunkte

■   Berechnung der Flammenoberfläche ohne Überlappung

■   Berücksichtigung der Überlappungswahrscheinlichkeit

Die einzelnen Schritte sollen im Folgenden ausführlich beschrieben werden.

4.3.1.1 Berechnung der aktuellen Zündzentrenanzahl und der zugehörigen Zeitpunkte

Voraussetzung für die Berechnung der Flammenoberfläche ist die Kenntnis, wann neue Zündzentren entstehen und wie hoch deren Gesamtanzahl ist. Hierzu kann auf die Ergebnisse der Zündintegralberechnung zurückgegriffen werden, welche eine Aussage darüber ermöglicht, wann und in welchem Umfang Gemischteile zur Selbstzündung kommen (vergleiche Kapitel 4.2.3).

Die zu einem bestimmten Zeitpunkt neu zur Selbstzündung kommende Masse kann demnach als Maß für die Wahrscheinlichkeit der Entstehung eines neuen Zündzentrums verstanden werden und eine Proportionalität der neu entstehenden Zündzentrenanzahl zur neu durch Selbstzündung verbrennenden Masse und dem noch unverbrannten Volumenanteil angenommen werden:

$$\frac{dn_{ZZ}}{dt} \propto \frac{dm_{v,dir}}{dt} \cdot (1 - y) \tag{4.32}$$

$\dfrac{dn_{ZZ}}{dt}$ Änderung der Zündzentrenanzahl [1/s]

$\dfrac{dm_{v,dir}}{dt}$ über die Volumenreaktion (direkt) verbrennender Massenstrom [kg/s]

y verbrannter Volumenanteil [-]

Eine direkte Aussage zur konkret entstehenden Anzahl an Zündzentren ist daraus aber noch nicht möglich, da der Proportionalitätsfaktor noch nicht bekannt ist. Für diesen spielt die räumliche Inhomogenität der Temperatur eine entscheidende Rolle, wie sie in *Abbildung 4.10* dargestellt ist. Offensichtlich können bei identischer Häufigkeitsverteilung der Temperatur unterschiedliche räumliche Anordnungen existieren, die sich wiederum auf die Wahrscheinlichkeit auswirken, ob und wie viele neue Zündzentren entstehen. So ist im Falle einer stärkeren Schichtung davon auszugehen, dass weniger oder gar keine neuen Zündzentren entstehen, da Bereiche ähnlicher Temperatur, die simultan zünden, direkt beieinander liegen. Umgekehrt ist bei einer stärkeren Vermischung kälterer und heißerer Bereiche zu erwarten, dass mehr neue, voneinander unabhängige Zündzentren entstehen.

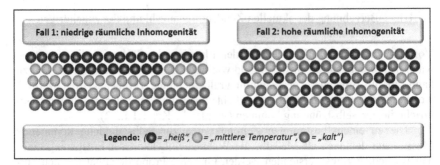

Abbildung 4.10: Beispiel für verschiedene räumliche Temperaturverteilungen mit identischer Häufigkeitsverteilung

Damit kann die Anzahl der Zündzentren über einen Abstimmparameter für die räumliche Inhomogenität geschrieben werden als

$$\frac{dn_{ZZ}}{dt} = f_{inhom} \cdot \frac{dm_{v,dir}}{dt} \cdot (1 - y) \qquad (4.33)$$

f_{inhom} Faktor zur Beschreibung der räumlichen Inhomogenität (Abstimmparameter) [-]

wobei das Ergebnis des Integrals natürlich nach jedem Zeitschritt auf eine ganze Zahl gerundet werden muss. Zusätzlich wird die Anzahl der Zündzentren um eins erhöht, sobald die Zündkerze bestromt wird (Fremdzündung oder zündfunkenunterstützte Selbstzündung). Schließlich muss noch für jedes neue Zündzentrum der Entstehungszeitpunkt gespeichert werden, da dieser im weiteren Verlauf der Berechnung für die Größenverhältnisse der sich von den Zündzentren ausbreitenden Flammenfronten benötigt wird.

4.3.1.2   Berechnung der Flammenoberfläche ohne Überlappung

Wie in [34] gezeigt, lässt sich im fremdgezündeten Fall bei Kenntnis von Brennraumgeometrie und Zündkerzenposition die Flammenoberfläche für jeden Kurbelwinkel und einen beliebigen verbrannten Volumenanteil durch das Einbeschreiben von Kugelschalen definiert berechnen. Um einen nahtlosen Übergang zum fremdgezündeten Betrieb zu ermöglichen, erscheint es sinnvoll darauf aufbauend die Flammenoberfläche bei multiplen Zündzentren über einen Multiplikator auf die für den fremdgezündeten Fall berechnete Flammenoberfläche zu berechnen. Damit wird implizit der Wandeinfluss wie im fremdgezündeten Fall abgebildet. Dies wird im Mittel vermutlich eine für den selbstgezündeten Betrieb etwas zu ungünstige Abschätzung sein, da davon auszugehen ist, dass – bildlich gesprochen – der Brennraum durch eine Vielzahl kleiner Kugeln besser ohne Wandkontakt füllen lässt als mit einer großen. Um eine Vorstellung zu erhalten, wie stark sich dieser Effekt auswirken kann, wurde für Vergleichsrechnungen eine umgekehrt sehr günstige Annahme für den Wandeinfluss auf die Flammenoberfläche im selbstgezündeten Betrieb getroffen. Demnach wirkt der Multiplikator auf die komplette, theoretische Kugeloberfläche bei Fremdzündung, die sich ohne Berücksichtigung der Brennraumwände ergeben würde, und es wird lediglich derselbe absolute Flächeninhalt der Wandkontaktfläche wie bei der Fremdzündung abgezogen, das heißt anstelle desselben relativen Wandeinflusses wie bei der ersten Abschätzung wird derselbe relative Wandeinfluss angenommen. *Abbildung 4.11* zeigt einen Vergleich in dem Betriebspunkt, in dem sich die unterschiedlichen Annahmen am stärksten ausgewirkt haben:

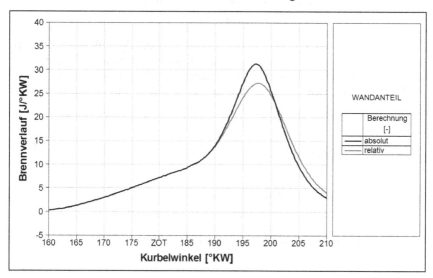

Abbildung 4.11: Auswirkungen unterschiedlicher Abschätzungen für den Wandeinfluss an einem Betriebspunkt mit hohem Anteil laminarer Flammenausbreitung (Zündwinkel 30°KW v. ZOT, Drehzahl: 3000 min^{-1}, p_{mi}: 3 bar, λ = 1,06, $x_{AGR,st}$ = 25 %)

Die entstehenden Unterschiede sind offensichtlich selbst im ungünstigsten Fall vergleichsweise gering und würden sich überdies ebenso durch eine veränderte Abstimmung des Einflusses auf die laminare Flammengeschwindigkeit erzielen lassen. Demnach kommt der Abschätzung des Wandeinflusses keine entscheidende Bedeutung zu. In der Folge wurde daher wegen des bei der Selbstzündung prinzipiell als geringer einzuschätzenden Wandeinflusses mit der Abschätzung eines relativ gleichen Wandanteils gerechnet.

Sucht man also den Multiplikator auf die für den fremdgezündeten Fall berechnete Flammenoberfläche, ergibt sich als Fragestellung, wie stark sich die
Flammenoberfläche vergrößert, wenn man dasselbe verbrannte Volumen auf
mehrere Zündzentren verteilt. Dies entspricht in der geometrischen Analogie der
Oberflächenvergrößerung bei Aufteilung eines Kugelvolumens auf mehrere
kleinere Kugeln gleichen Gesamtvolumens, womit das Problem bei Kenntnis
von Anzahl und Volumenverhältnis der Kugeln eindeutig bestimmt ist. Mithilfe
des vorangegangenen Schritts ergibt sich die Anzahl der Kugeln unmittelbar zu

$$n = n_{ZZ} \tag{4.34}$$

n Anzahl der Kugeln im geometrischen Analogon [-]

n_{ZZ} Anzahl der Zündzentren [-]

Die Bestimmung der Volumenverhältnisse ist geringfügig aufwändiger. Unter
der Annahme, dass das Wachstum des Kugelradius' näherungsweise zur laminar-turbulenten Flammengeschwindigkeit proportional ist, lassen sich die Selbst-
zündzeitpunkte aus dem vorangegangenen Schritt direkt in Kugelradien umrech-
nen

$$r_{theo,i} = \int_{t_{nZZ,i}}^{t} s_L + u_{turb} \, dt \tag{4.35}$$

$r_{theo,i}$ theoretischer Radius der i-ten Kugel [m]

$t_{nZZ,i}$ Zeitpunkt des Entstehens eines neuen Zündzentrums [s]

aus denen sich zwanglos das Volumenverhältnis bestimmen lässt:

$$z_i = \frac{\frac{4}{3}\pi \cdot r_{theo,i}{}^3}{\sum_{j=1}^{n_{zz}} \frac{4}{3}\pi \cdot r_{theo,j}{}^3} = \frac{r_{theo,i}{}^3}{\sum_{j=1}^{n_{zz}} r_{theo,j}{}^3} \tag{4.36}$$

z_i Volumenanteil der i-ten Kugel [-]

Für ein bestimmtes Volumen einer Einzelkugel sind damit die Volumina der
kleineren Kugeln einfach zu berechnen

$$V_i = z_i \cdot V_{ref} \tag{4.37}$$

V_i Volumen der i-ten Kugel [m³]

V_{ref} Volumen der als Referenz dienenden Einzelkugel [m³] woraus unmittelbar auch deren Radien und Oberflächen ermittelt werden können:

$$r_i = \sqrt[3]{z_i} \cdot r_{ref} \tag{4.38}$$

r_i Radius der i-ten Kugel [m]

r_{ref} Radius der als Referenz dienenden Einzelkugel [m]

$$O_i = \sqrt[3]{z_i^2} \cdot O_{ref} \tag{4.39}$$

O_i Oberfläche der i-ten Kugel [m]

O_{ref} Oberfläche der als Referenz dienenden Einzelkugel [m]

Letztlich lässt sich damit der Oberflächenvergrößerungsfaktor bestimmen zu:

$$f_n = \sum_{i=1}^{n} \sqrt[3]{z_i^2} \tag{4.40}$$

f_n Oberflächenvergrößerungsfaktor für n Kugeln ohne Berücksichtigung der Überlappung [-]

Betrachtet man den Faktor zunächst für den Sonderfall von zwei Kugeln (entsprechend zwei Zündzentren) ergibt sich der in *Abbildung 4.12* dargestellte Verlauf. Wie zu erwarten liegt das Maximum aufgrund der Symmetrie des Problems bei paritätischer Volumenaufteilung auf die zwei kleineren Kugeln und erreicht einen Wert von etwa 1,26. Für steigende Kugelanzahlen bleibt das Maximum für paritätische Volumenaufteilung bestehen, wobei der Wert degressiv ansteigt, vergleiche *Abbildung 4.13*.

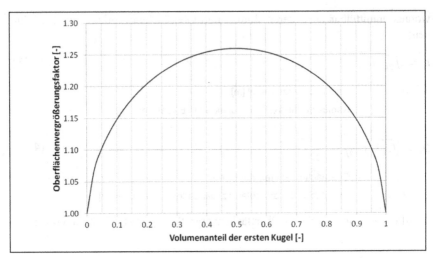

Abbildung 4.12:   Faktor der Oberflächenvergrößerung bei Aufteilung eines Kugelvolumens auf zwei Kugeln in Abhängigkeit von deren Volumenverhältnis

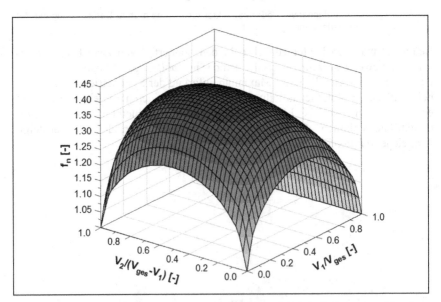

Abbildung 4.13:   Faktor der Oberflächenvergrößerung f_n bei Aufteilung eines Kugelvolumens V_{ges} auf drei Kugeln mit den Volumina V_1, V_2 und V_3 in Abhängigkeit von deren Volumenverhältnis

Setzt man in Gleichung (4.40) für alle Volumenanteile jeweils identische Werte an, also

$$z_i = \frac{1}{n} \tag{4.41}$$

lässt sich der Wert dieses Maximums berechnen als

$$MAX(f_n) = \sqrt[3]{n} \tag{4.42}$$

$MAX(f_n)$ Maximaler Oberflächenvergrößerungsfaktor für n Kugeln (bei paritätischer Volumenaufteilung) [-]

Wie in *Abbildung 4.14* nochmals dargestellt, nimmt der Oberflächenvergröße-rungsfaktor also über der Anzahl der Kugeln wegen des kubischen Wurzelexpo-nenten nur äußerst schwach zu. Das Modell wird also nur wenig sensitiv auf eine Veränderung der Zündzentrenanzahl reagieren, was insofern aus Modellierungs-sicht eine günstige Eigenschaft ist, als dass die Größenordnung, in der die An-zahl an Zündzentren liegt, experimentell weitgehend unbekannt ist. Gleichzeitig kann daraus die Erwartung abgeleitet werden, dass das Entstehen neuer Zünd-zentren in einer späten Phase der Verbrennung, wenn also bereits eine bestimmte Anzahl an Zündzentren vorliegt, den Oberflächenvergrößerungsfaktor nur noch unwesentlich erhöhen kann. Ein beschleunigender Effekt auf die Verbrennung durch die Flammenoberflächenvergrößerung ist also primär in der frühen Phase der Verbrennung zu erwarten.

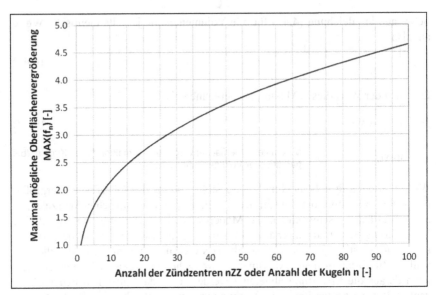

Abbildung 4.14: Maximal möglicher Faktor der Oberflächenvergrößerung bei Aufteilung eines Kugelvolumens auf mehrere Kugeln in Abhängigkeit von
deren Anzahl

4.3.1.3   Berücksichtigung der Überlappungswahrscheinlichkeit

Bei der bisherigen Betrachtung wurden die Flammen- bzw. Kugeloberfläche in
einem unbegrenzten Raum und mit unendlichem Abstand der einzelnen Zündzentren bzw. Kugelmittelpunkte voneinander betrachtet. Beide Annahmen sind
bezogen auf die realen Verhältnisse im Brennraum natürlich eine starke Vereinfachung, die für die praktische Anwendung wieder korrigiert werden muss. Dabei treten im Wesentlichen zwei Unterschiede auf: die Begrenzung durch Brennraumwände und die endlichen Abstände der Zündzentren, die mit zunehmenden
Verbrennungsfortschritt unvermeidlich zu einer Kollision der Flammenfronten
bzw. zu einem Überlappen der Kugelvolumina in der Modellvorstellung führen.

Da der Wandeinfluss durch die indirekte Berechnung der Flammenoberfläche über einen Oberflächenvergrößerungsfaktor bezogen auf die Flammenoberfläche im Fall eines einzelnen Zündzentrums i bereits implizit berücksichtigt ist,
muss zusätzlich lediglich noch der Einfluss der Flammenfrontkollision bzw. der
Kugelüberlappung berücksichtigt werden. Hierbei müssen zwei Fragestellungen
unterschieden werden: zunächst, wie groß die Wahrscheinlichkeit dafür ist, dass
sich zwei Kugeln überlappen, und darauf aufbauend in einem zweiten Schritt,
wie groß die daraus resultierende Verkleinerung der Oberfläche ist.

Die Lösung der ersten Frage wird erneut durch die unbekannten Orte der Selbstzündungen erschwert. Da aufgrund dieses Sachverhalts nur Überlappungswahrscheinlichkeiten angegeben werden können, soll die Situation anhand eines Urnenmodells als Analogie betrachtet werden, siehe *Abbildung 4.15*.

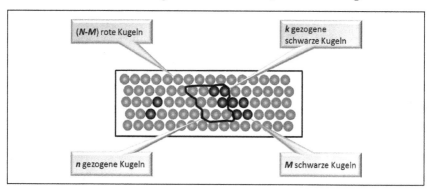

Abbildung 4.15: Urnenexperiment als Analogie zur Fragestellung, wie stark die Überlappung zweier Kugeln ist

Die Gesamtanzahl N der Kugeln entspricht dabei dem aktuellen Brennraumvolumen, wobei die M schwarzen Kugeln das bereits verbrannte Volumen einer ersten „Verbrennungskugel" repräsentiert. Das Überlappungsvolumen einer zweiten „Verbrennungskugel", deren Größe durch das Ziehen von n Kugeln wiedergegeben wird, ist dann gleichbedeutend mit der Anzahl der dabei gezogenen k schwarzen Kugeln. Notiert man in einem solchen Zufallsexperiment die Ergebnisse für k, ergibt sich dabei eine hypergeometrische Wahrscheinlichkeitsverteilung [82] der Form

$$P(X = k) = \frac{\binom{M}{k}\binom{N-M}{n-k}}{\binom{N}{n}} \tag{4.43}$$

X	diskrete Zufallsgröße [-]
P	Wahrscheinlichkeit [-]
k	möglicher Wert der Zufallsvariable (Anzahl der Erfolge in der Stichprobe) [-]
n	Anzahl der Elemente in einer Stichprobe [-]
M	Anzahl der Elemente in der Grundgesamtheit mit einer bestimmten Eigenschaft (maximal mögliche Anzahl der Erfolge) [-]
N	Anzahl der Elemente in der Grundgesamtheit [-]

die in *Abbildung 4.16* grafisch anhand eines Zahlenbeispiels wiedergegeben ist. Anschaulich lassen sich die Ergebnisse so interpretieren, dass sich abhängig von der unbekannten Position des zweiten Zündzentrums für jedes denkbare Überlappungsvolumen eine bestimmte Wahrscheinlichkeit ergibt.

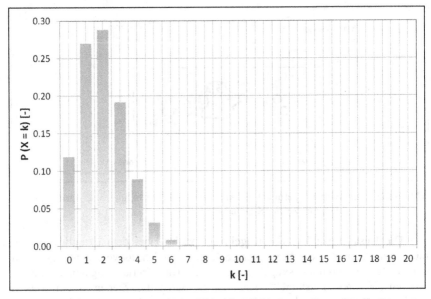

Abbildung 4.16: Hypergeometrische Wahrscheinlichkeitsverteilung für die Parameter N = 1000, M = 100, n = 20

Da im Sinne der Berechnung eines mittleren Arbeitsspiels nicht die exakte Wahrscheinlichkeitsverteilung interessiert, sondern nur der im Mittel zu erwartende Wert für die Überlappung, kann die Berechnung erheblich vereinfacht werden, wobei gleichzeitig der Einfluss von Unterschieden des Urnenmodells zu den realen Verhältnissen, das keinem idealisierten Zufallsexperiment entspricht, reduziert wird. Der Erwartungswert für die hypergeometrische Verteilung kann somit vereinfacht berechnet werden zu

$$E(X) = \sum_{k=0}^{n} k \frac{\binom{M}{k}\binom{N-M}{n-k}}{\binom{N}{n}} = n \cdot \frac{M}{N} \tag{4.44}$$

$E(X)$ Erwartungswert der Zufallsvariable [-]

Für beliebig viele Zündzentren lässt sich damit das zu erwartende Überlappungsvolumen einfach aufsummieren und durch Bezug auf das gesamte verbrannte Volumen als Überlappungsgrad ausdrücken:

$$\ddot{u} = \frac{\sum_{j=2}^{n_{zz}} V_j \cdot \frac{\sum_{k=1}^{j-1} V_k}{V_{ges}}}{V_v} \tag{4.45}$$

ü	Überlappungsgrad [-]
V_k	Volumen der k-ten „Verbrennungskugel" [m³]
V_j	Volumen der j-ten „Verbrennungskugel" [m³]
V_{ges}	Aktuelles Brennraumvolumen [m³]

Mit der Kenntnis des Überlappungsgrads kann zur Berechnung der daraus resultierenden Veränderung der Oberflächengröße übergegangen werden. Dabei soll zunächst der Sonderfall zweier Kugeln mit dem gleichen Radius r betrachtet werden, deren Mittelpunkte sich im Abstand Δ zueinander befinden, siehe *Abbildung 4.17*.

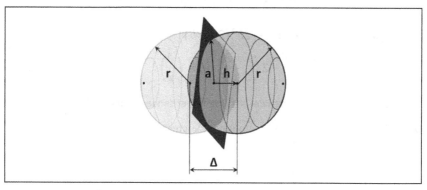

Abbildung 4.17:   Überlappung zweier Kugeln mit dem gleichen Radius r im Abstand Δ

Das Überlappungsvolumen besteht dabei aus zwei identischen Kugelsegmenten der Höhe h und mit dem Grundkreisradius a, für die jeweils gilt:

$$h = r - \frac{\Delta}{2} \tag{4.46}$$

Δ	Abstand der Kugelmittelpunkte [m]
h	Höhe des Kugelsegments [m]
r	Radius der Kugeln [m]

$$a = \sqrt{r^2 - (r - h)^2} = \sqrt{r^2 - \frac{1}{4}\Delta^2} \tag{4.47}$$

a Grundkreisradius des Kugelsegments [m]

woraus sich als Volumen eines einzelnen Kugelsegments der Zusammenhang

$$V_{KS} = \frac{1}{3}\pi h^2 (3r - h) = \frac{1}{3}\pi \left(2r^3 - \frac{3}{2}\Delta r^2 + \frac{1}{8}\Delta^3 \right) \tag{4.48}$$

V_{KS} Volumen des Kugelsegments [m³]

ergibt und entsprechend für die Oberfläche einer einzelnen Kugelkalotte gilt:

$$A_{KK} = \pi r \cdot 2h = \pi r (2r - \Delta) \tag{4.49}$$

A_{KK} Oberfläche der Kugelkalotte [m²]

Für das Gesamtvolumen der zwei sich überlappenden Kugeln folgt:

$$V_{\ddot{U}K} = \frac{8}{3}\pi r^3 - 2V_{KS} = \frac{\pi}{3}\left(8r^3 - 2h^2(3r - h) \right)$$
$$= \frac{\pi}{3}\left(8r^3 - 2\left(r - \frac{\Delta}{2} \right)^2 \left(2r + \frac{\Delta}{2} \right) \right) \tag{4.50}$$

$V_{\ddot{U}K}$ Gesamtvolumen der sich überlappendenden Kugeln [m³]

Damit lässt sich der Radius einer volumengleichen Einzelkugel bestimmen zu:

$$r_{EK} = \sqrt[3]{2r^3 - \frac{1}{2}\left(r - \frac{\Delta}{2} \right)^2 \left(2r + \frac{\Delta}{2} \right)} \tag{4.51}$$

r_{EK} Radius einer Einzelkugel mit dem Volumen der sich überlappenden Kugeln [m]

Die resultierende Oberflächenvergrößerung bezogen weiterhin auf den Referenzfall einer Einzelkugel gleichen Volumens lässt sich damit anschreiben als

$$f_{\ddot{U}} = \frac{O_{\ddot{U}K}}{O_{EK}} = \frac{8\pi r^2 - 2A_{KK}}{4\pi r_{EK}^2} = \frac{r\left(r + \frac{\Delta}{2} \right)}{\left\{ \frac{1}{2}\left[4r^3 - \left(r - \frac{\Delta}{2} \right)^2 \left(2r + \frac{\Delta}{2} \right) \right] \right\}} \tag{4.52}$$

$f_{\ddot{U}}$ Faktor der Oberflächenvergrößerung zweier überlappender Kugeln bezogen auf eine volumengleiche Einzelkugel [-]

$O_{\ddot{U}K}$ Oberfläche der sich überlappenden Kugeln [m²]

O_{EK} Oberfläche der volumengleichen Einzelkugel [m³]

Dieser Zusammenhang lässt sich mit der Abkürzung

$$x = \frac{\Delta}{r} \tag{4.53}$$

x dimensionsloser Abstand der sich überlappenden Kugeln [-]

vereinfachen zu

$$f_{\ddot{u}} = \frac{1 + \frac{1}{2}x}{\left\{1 + \frac{3}{4}x - \frac{1}{16}x^3\right\}^{\frac{2}{3}}} \tag{4.54}$$

womit nun nur noch ein Zusammenhang gefunden werden muss zwischen der neu eingeführten Variablen x und dem im vorangegangenen Schritt bestimmten Überlappungsgrad. Jener lässt sich bezogen auf den hier diskutierten Sonderfall eindeutig angeben als

$$\ddot{u} = \frac{V_{\ddot{u}}}{V_{\ddot{U}K}} = \frac{2V_{KS}}{V_{\ddot{U}K}} = \frac{\left(r - \frac{\Delta}{2}\right)^2 \left(2r + \frac{\Delta}{2}\right)}{4r^3 - \left(r - \frac{\Delta}{2}\right)^2 \left(2r + \frac{\Delta}{2}\right)} = \frac{16 - 12x + x^3}{16 + 12x - x^3} \tag{4.55}$$

$V_{\ddot{u}}$ Überlappungsvolumen [m³]

Die mathematisch nicht triviale Umformung dieses Ausdrucks nach x liefert als Umkehrfunktion in dem für das Problem relevanten Bereich schließlich

$$x = 4 \cdot \cos\left[\frac{arccos\left(\frac{1 - \ddot{u}}{1 + \ddot{u}}\right) + \pi}{3}\right] \tag{4.56}$$

Somit lässt sich im betrachteten Sonderfall für jeden gegebenen Überlappungsgrad mit Hilfe der Gleichungen (4.56) und (4.54) eindeutig der zugehörige Oberflächenvergrößerungsfaktor berechnen.

In *Abbildung 4.18* ist das Ergebnis grafisch veranschaulicht. Das Maximum ohne Überlappung entspricht wie zu erwarten dem in Kapitel 4.3.1.2 berechneten Wert. Zu erkennen ist ferner, dass bereits vergleichsweise geringe Überlap-

pungsgrade zu einem recht deutlichen Rückgang des Oberflächenvergrößerungsfaktors führen. Obwohl der Überlappungsgrad für $\Delta > 0$ nie den Wert 1 erreichen
kann, vergleiche *Abbildung 4.19,* ist er über der Zeit (also für steigende Werte
von x) streng monoton wachsend, was bezogen auf die reale Verbrennung als
weiterer Hinweis darauf zu werten ist, dass die Oberflächenvergrößerung gegenüber einem einzelnen Zündzentrum in erster Linie in der früheren Verbrennungsphase von Bedeutung ist.

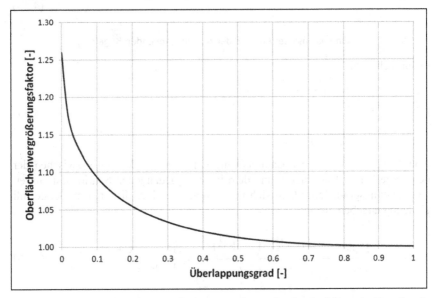

Abbildung 4.18:   Faktor der Oberflächenvergrößerung im Sonderfall zweier Kugeln mit
dem gleichen Radius in Abhängigkeit von dem jeweiligen Überlappungsgrad

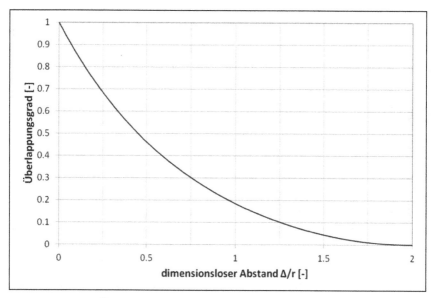

Abbildung 4.19: Überlappungsgrad zweier Kugeln mit dem gleichen Radius in Abhängigkeit ihres dimensionslosen Abstands voneinander

Die Berechnung eines allgemeingültigen Ausdrucks für beliebig viele, unterschiedlich große Kugeln wäre demgegenüber ungleich schwerer; nicht nur würden sich Überlappungsvolumina größerer Komplexität ergeben, deren genaue Gestalt von den unbekannten Positionen der Kugeln relativ zueinander abhängt, sondern die Anzahl der verschiedenen möglichen Konstellationen mit steigender Kugelanzahl auch schnell über die Grenze des mit rechtfertigbarem Aufwand Überschaubaren anwachsen. Eine solche allgemeingültige Formel wird aber auch gar nicht in jedem Fall benötigt und ist im Rahmen der vorliegenden nulldimensionalen Modellklasse auch nicht zielführend. Stattdessen soll das Ergebnis für den betrachteten Sonderfall beispielhaft für den qualitativen Einfluss der Überlappung auf die Oberflächenvergrößerung verwendet werden. Dies geschieht, indem die in dargestellte Kurve für größere Zündzentrenanzahlen so skaliert wird, dass das Maximum der Kurve für Überlappungsgrad null den Maximalwerten aus Gleichung (4.42) entspricht, vergleiche *Abbildung 4.20*:

$$f_{0,max} = \frac{(f_{\ddot{u}} - 1) \cdot (MAX(f_n) - 1)}{\sqrt[3]{2} - 1} + 1 = (f_{\ddot{u}} - 1) \cdot \frac{\sqrt[3]{n} - 1}{\sqrt[3]{2} - 1} + 1 \qquad (4.57)$$

$f_{0,max}$ Maximaler Oberflächenvergrößerungsfaktor für n Kugeln mit Berücksichtigung der Überlappung bei paritätischer Volumenaufteilung [-]

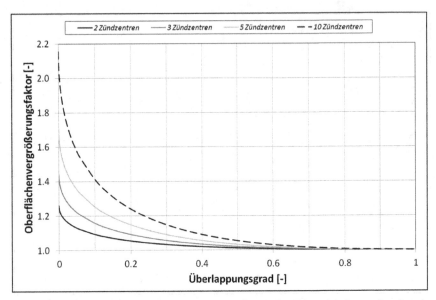

Abbildung 4.20:   Faktor der Oberflächenvergrößerung in Abhängigkeit von dem jeweiligen Überlappungsgrad für unterschiedliche Anzahlen an Zündzentren

In ähnlicher Weise kann auch eine Anpassung für unterschiedliche Größen der einzelnen Kugeln erfolgen, indem der für einen bestimmten Überlappungsgrad gültige Oberflächenvergrößerungsfaktor benutzt wird, um die Kurve aus Kapitel 4.3.1.2, d.h. unter Vernachlässigung der Überlappung, hierauf zu skalieren:

$$f_O = (f_{\ddot{u}} - 1) \cdot \frac{(f_n - 1)}{\sqrt[3]{2} - 1} + 1 \tag{4.58}$$

f_O Oberflächenvergrößerungsfaktor für n Kugeln mit Berücksichtigung der Überlappung [-]

Das gesamte Vorgehen ist nochmals zusammenfassend in *Abbildung 4.21* dargestellt. Durch Multiplikation des so gefundenen Oberflächenvergrößerungsfaktor mit jenem Wert der Flammenoberfläche, der sich aus der Berechnung der Flammengeometrie für ein einzelnes Zündzentrum an Zündkerzenposition ergibt, ist die Flammenoberfläche somit auch für den Fall von multiplen Zündorten jederzeit eindeutig bestimmbar.

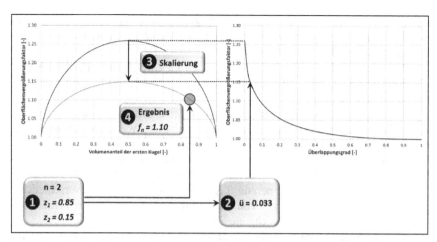

Abbildung 4.21: Zusammenfassendes Vorgehen zur Bestimmung der Flammenoberfläche beim Vorhandensein mehrerer Zündorte

4.3.2 *Berücksichtigung des Vorreaktionsniveaus im Unverbrannten*

Wie in Kapitel 2.1.2.1 diskutiert, ist mit einer Zunahme des Vorreaktionsniveaus im Unverbrannten mit einer Beschleunigung der Flammenausbreitung zu rechnen, da der Vorwärmzone dann weniger Wärme zugeführt werden muss, um sie zur Zündung zu bringen und die Wärmeübertragung von der Reaktions- in die Vorwärmzone der dominierende Einfluss auf die Flammenausbreitung ist.

In gängigen Formulierungen für die laminare Flammengeschwindigkeit wird dennoch keine direkte Abhängigkeit vom Vorreaktionsniveau abgebildet. Dies ergibt sich zunächst einfach daraus, dass die Messungen zur Ermittlung der laminaren Flammengeschwindigkeit aus praktischen Gründen bei Starttemperaturen ablaufen, die in der Nähe der Raumtemperatur liegen, bei der noch keine nennenswerten Vorreaktionen ablaufen können. In eine ähnliche Richtung wirkt nur die Abhängigkeit von der Temperatur im Unverbrannten, die in die Korrelation für die laminare Flammengeschwindigkeit eingeht, vergleiche Gleichung (2.9). Diese Abhängigkeit ist auch unmittelbar einsichtig, da eine höhere Temperatur im Unverbrannten auch eine Verringerung der zur Entflammung benötigten Wärmemenge bedeutet. Sie ergibt sich in den Experimenten zur Messung der laminaren Flammengeschwindigkeit allerdings nur durch den Temperaturanstieg im Unverbrannten infolge der Verdichtung durch die beginnende Verbrennung und nicht durch eine Variation der Startbedingungen. Das bedeutet, dass sich die Flamme in den Experimenten in der Regel in ein Gemisch ausbreitet, dass noch weit von der Selbstzündung entfernt ist, da es nur sehr kurze Zeit bei höheren Temperaturen verbracht hat. Allenfalls in der Endphase bei sehr hohen Temperaturen im Unverbrannten ist ein gewisses Vorreaktionsniveau im Unverbrannten denkbar. Der Zeiteinfluss auf das Vorreaktionsniveau wird durch solche Messungen jedoch auf keinen Fall erfasst.

Um abzuschätzen, wie sich Vorreaktionen im Unverbrannten qualitativ auf die laminare Flammengeschwindigkeit auswirken können, soll folgendes Gedankenexperiment dienen:

In einem Behälter werde ein perfekt homogenes Gemisch eine gewisse Zeit lang bei einer konstanten Temperatur T_{uv} konditioniert. Wenn diese Temperatur hoch genug ist, wird es nach einer gewissen Zeit zur Selbstzündung kommen – je höher die Temperatur, desto kürzer die benötigte Zeit. Jene Temperatur, die bereits nach einer sehr kurzen, zu definierenden Zeitspanne t* zur Selbstzündung führt soll als Aktivierungstemperatur T_{Akt} bezeichnet werden. Für verschiedene Startwerte von $T_{uv} < T_{Akt}$ kann dann zum Zeitpunkt t* jeweils eine Fremdzündung erfolgen, in deren Folge sich eine Flammenausbreitung einstellt.

Der Vorreaktionszustand im Unverbrannten wird je nach Starttemperatur unterschiedlich liegen. Vereinfacht kann der Wert bis zum Zeitpunkt t* durch ein Arrhenius-Integral der Form

$$R(T_{uv}, t*) = \int_{0}^{t*} e^{-\frac{T_{Akt}}{T_{uv}}} dt \tag{4.59}$$

T_{uv}	Temperatur, auf die das Unverbrannte konditioniert wird [K]
$t*$	Zeitpunkt, zu dem das Gemisch bei einer Konditionierungstemperatur T_{Akt} selbstzündet [s]
T_{Akt}	Konditionierungstemperatur, bei der das Gemisch nach einer Zeitspanne t* selbstzündet [K]

berechnet werden, womit die exponentielle Temperaturabhängigkeit der Vorreaktionen abgebildet wird. Damit ist der Vorreaktionszustand des Gemischs bekannt, in das sich die Flamme im ersten Moment der Fremdzündung ausbreitet.

Damit sich die Flamme ausbreiten kann, muss sie dem Gemisch in der Vorwärmzone eine bestimmte Energiemenge E zuführen. Es kann davon ausgegangen werden, dass diese proportional zu der Differenz zwischen dem zur Selbstzündung benötigten Zündintegralwert und dem tatsächlich erreichten Zündintegralwert ist:

$$E \propto (R(T_{Akt}, t*) - R(T_{uv}, t*)) \tag{4.60}$$

E	Energiemenge, die der Vorwärmzone zugeführt werden muss, um dort die Entflammung einzuleiten [J]

Die Zeitdauer Δt, die zur Zuführung dieser Energiemenge benötigt wird, kann als proportional zur Energiemenge selbst angenommen werden:

$$\Delta t \propto E \tag{4.61}$$

Δt Zeitdauer, die benötigt wird, um der Vorwärmzone die zur Entflammung nötige Energiemenge zuzuführen [s]

Es ist zu erwarten, dass die laminare Flammengeschwindigkeit selbst sich wiederum umgekehrt proportional zu dieser benötigten Zeit verhalten wird. Damit ergibt sich als Zusammenhang zunächst:

$$s_{L,mod} \propto \frac{1}{\Delta t} \propto \frac{1}{R(T_{Akt}, t*) - R(T_{uv}, t*)} \tag{4.62}$$

$s_{L,mod}$ modifizierte laminare Flammengeschwindigkeit zur Berücksichtigung von Vorreaktionen im Unverbrannten [m/s]

Stellt man nun den Bezug zur laminaren Flammengeschwindigkeit bei Referenzbedingungen her bei einer Temperatur T_0 her, folgt daraus:

$$s_{L,mod} = s_{L,0} \cdot \frac{R(T_{Akt}, t*) - R(T_0, t*)}{R(T_{Akt}, t*) - R(T_{uv}, t*)} \tag{4.63}$$

$s_{L,0}$ laminare Flammengeschwindigkeit bei Referenzbedingungen [m/s]

T_0 Referenztemperatur [K]

Dieser Zusammenhang ist für verschiedene Verhältnisse von T_0 und T_{Akt} in *Abbildung 4.22* für verschiedene Verhältnisse T_{Akt}/T_0 dargestellt. Deutlich zu erkennen ist, dass der Gradient in der Nähe der Referenztemperatur sehr flach ist, während die laminare Flammengeschwindigkeit mit Annäherung an T_{Akt} gegen unendlich strebt[37].

---

[37] Vermutlich wird bei sehr hohen Beschleunigungsfaktoren die Zeit, die zur Wärmefreisetzung in der Flammenzone selbst benötigt wird, geschwindigkeitsbestimmend werden, womit die Annahme der Proportionalität zwischen Zeitdauer und Energiemenge in Gleichung (4.61) dann nicht mehr zutreffend ist.

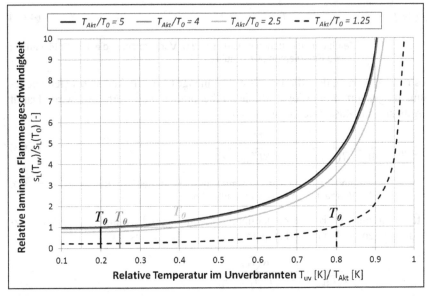

Abbildung 4.22:   Änderung der relativen laminaren Flammengeschwindigkeit in Abhängigkeit der relativen Starttemperatur für das im Text beschriebene
Gedankenexperiment

  Diese Charakteristik wird durch einen Vorreaktionsfaktor auf die laminare
Flammengeschwindigkeit in das Modell aufgenommen:

$$s_{L,mod} = s_L \cdot f_{Vrkt} \tag{4.64}$$

s_L	laminare Flammengeschwindigkeit in üblicher Formulierung, z.B. nach Gleichung (2.9) [m/s]
f_{Vrkt}	Vorreaktionsfaktor [-]

Obwohl, wie bereits diskutiert, die übliche Formulierung für die Temperaturabhängigkeit der laminaren Flammengeschwindigkeit den Einfluss des Vorreaktionsniveaus nicht direkt abbildet, ist besagter Einfluss darin möglicherweise bereits teilweise enthalten. Unter Berücksichtigung der im Gedankenexperiment
gemachten vereinfachenden Annahmen und dem extremen Anstieg für hohe
Vorreaktionsniveaus erscheint es daher sinnvoll, in der Implementierung einen
Dämpfungsfaktor als Abstimmparameter einzuführen. Unter Vernachlässigung
des bei Referenzbedingungen erreichten Vorreaktionsniveaus und unter der Berücksichtigung, dass das Zündintegral bei Zündung definiert den Wert 1 an-

nimmt, lässt sich der Vorreaktionsfaktor für eine modifizierte laminare Flammengeschwindigkeit schließlich anschreiben als:

$$f_{Vrkt} = \frac{D_{Vrkt}}{D_{Vrkt} - R_{Vrkt,uv}(t)} \qquad (4.65)$$

D_{Vrkt} Dämpfungsfaktor (Abstimmparameter) ≥ 1 [-]

$R_{Vrkt,uv}(t)$ Zeitlich veränderliches Vorreaktionsniveau im Unverbrannten [-]

Darin berechnet sich das Vorreaktionsniveau im Unverbrannten unter Berücksichtigung der Temperaturverteilung im Brennraum als massengewichteter Mittelwert der einzelnen Gruppen. Durch geeignete Wahl des Dämpfungsfaktors kann der Anwender den experimentell nicht abgesicherten Einfluss des Vorreaktionsfaktors jeder Zeit wieder zurücknehmen.

4.4 Wechselwirkung zwischen den beiden Verbrennungsanteilen

Wie bereits eingangs erläutert, ist die Gesamtkonzeption des Modells darauf ausgelegt, sowohl die Flammenausbreitung als auch die Selbstzündung gleichzeitig als Mechanismen des Verbrennungsfortschritts zuzulassen. Entsprechend müssen auch die jeweiligen Untermodellansätze – die Flammenausbreitung einerseits und die Volumenreaktion andererseits – daraus ausgelegt sein, miteinander zu interagieren.

4.4.1 Berücksichtigung der Volumenreaktion bei der Flammenausbreitung

Aus Sicht des Entrainmentmodells gibt es drei wesentliche Veränderungen durch die gleichzeitig stattfindende Volumenreaktion:

- Durch stattfindende Selbstzündungen können neue Zündzentren entstehen, von denen ebenfalls eine Flammenausbreitung ausgeht.

- Die Flamme kann auch an Bereiche heranlaufen, in denen bereits verbranntes Gemisch vorliegt.

- Masse, die sich bereits in der Flammenzone befindet, aber noch nicht umgesetzt worden ist, kann auch noch über eine Volumenreaktion verbrennen.

Der erste Punkt wird, wie in Kapitel 4.3 beschrieben, direkt innerhalb der Berechnung der Flammenoberfläche berücksichtigt.

Für den zweiten Aspekt muss zunächst der Unterschied zu dem ähnlichen Effekt des Ineinanderlaufens verschiedener Flammenfronten, der innerhalb des modifizierten Entrainmentmodells auftreten kann, beachtet werden: Während dort die Überlappung einzelner Kugeln zu einer Korrektur der Flammenoberfläche führt, sich die Flamme aber weiterhin nur ins Unverbrannte ausbreitet, speist sich der Eindringmassenstrom bei gleichzeitig stattfindender Volumenreaktion im Allgemeinen nicht mehr ausschließlich aus dem Unverbrannten. Dies wird durch Multiplikation des Eindringmassenstroms mit einem Volumenfaktor abgebildet:

$$\frac{dm_E}{dt} = \frac{dm_{E,orig}}{dt} \cdot f_{V,Vdir} \tag{4.66}$$

$\frac{dm_E}{dt}$ — Eindringmassenstrom in die Flammenzone [kg/s]

$\frac{dm_{E,orig}}{dt}$ — Eindringmassenstrom im originalen Entrainmentmodell nach Gleichung (2.5) [kg/s]

$f_{V,vdir}$ — Volumenfaktor durch die über eine Volumenreaktion verbrennende Masse [-]

Der Volumenfaktor beschreibt, welcher Volumenanteil des Brennraums noch nicht über die Volumenreaktion umgesetzt worden ist und damit noch durch die Flammenausbreitung erfasst werden kann:

$$f_{V,Vdir} = 1 - \frac{\dfrac{m_{v,dir}}{\rho_v}}{\left(V_{ges} - \dfrac{m_{v,ent}}{\rho_v}\right)} \tag{4.67}$$

$m_{v,dir}$ — über eine Volumenreaktion (direkt) verbrannte Masse [kg]

ρ_v — Dichte im Verbrannten [kg/m³]

$m_{v,ent}$ — über Flammenausbreitung (Entrainment) verbrannte Masse [kg]

V_{ges} — aktuelles Brennraumvolumen [m³]

Dieser Formulierung liegt implizit die Annahme zugrunde, dass die über eine Volumenreaktion verbrannten Anteile gleichmäßig im Brennraum verteilt sind. Obwohl dies im realen Motor nicht unbedingt zutreffend sein muss – es ist durchaus zu erwarten, dass zum Beispiel durch Restgasschichtung die zuerst über eine Volumenreaktion verbrennenden Gemischteile räumlich eng beieinander liegen – erscheint dies in Ermangelung jeglicher Kenntnisse über die räumliche Verteilung im Rahmen der nulldimensionalen Modellierung als zulässige Vereinfachung. Eine gleichzeitig stattfindende Volumenreaktion durch Selbstzündung reduziert also den Eindringmassenstrom in die Flammenzone und verlangsamt so die Entrainment-Verbrennung.

Auch der letzte Punkt führt zu einer Ausdünnung der Flammenzone, allerdings nicht durch eine Reduzierung der eindringenden Masse, sondern durch eine Erhöhung der aus der Flammenzone verbrennenden Masse: Diese kann nämlich als zusätzliche Möglichkeit auch noch direkt über eine Volumenreaktion verbrennen. Eine solche Behandlung ist erforderlich, da die Volumenreaktion ansonsten zum Erliegen kommen würde, sobald die Flammenzone den gesamten Bereich des Unverbrannten einnimmt. Der Ausbrand würde also immer alleine über die Flammenausbreitung laufen und die Verbrennung insgesamt durch den zusätzlichen Mechanismus der Flammenausbreitung verlangsamt werden. Beide Konsequenzen würden also zu einem physikalisch unplausiblen Verhalten führen. Somit wird die Volumenreaktion in der Berechnung der Änderungsrate der Flammenzone in der Form

$$\frac{dm_F}{dt} = \frac{dm_E}{dt} - \frac{dm_{v,ent}}{dt} - \frac{dm_{v,dir}}{dt} \cdot f_F \qquad (4.68)$$

$\dfrac{dm_F}{dt}$	Änderung der Masse in der Flammenzone [kg/s]
$\dfrac{dm_{v,ent}}{dt}$	über eine Flammenausbreitung (Entrainment) verbrennender Massenstrom [kg/s]
f_F	Massenanteil der Flammenzone am Unverbrannten [-]

berücksichtigt. Der Faktor f_F beschreibt dabei, dass nur ein Teil der im aktuellen Zeitschritt über eine Volumenreaktion verbrennenden Masse der Flammenzone entnommen wird. Dieser Anteil entspricht dem jeweiligen Massenanteil der Flammenzone am Unverbrannten zum betrachteten Zeitpunkt:

$$f_F = \frac{m_F}{m_{uv}} \qquad (4.69)$$

m_F	Masse in der Flammenzone [kg]
m_{uv}	Masse im Unverbrannten [kg]

Dies führt dazu, dass die Flammenausbreitung in der Regel vor allem in einer frühen Phase der Verbrennung eine Rolle spielt, das Ausdünnen der Flammenzone mit Einsetzen der Volumenreaktion dann aber zu einem schnellen Rückgang des über den Flammenausbreitungsmechanismus verbrennenden Anteils führt, siehe *Abbildung 4.23*. Deutlich wird dabei auch, wie die Flammenausbreitung durch das Voranschreiten des Reaktionsintegrals im Unverbrannten sowie das Entstehen neuer Zündzentren bei einsetzender Volumenreaktion gegenüber der Formulierung im originalen Entrainmentmodell beschleunigt wird.

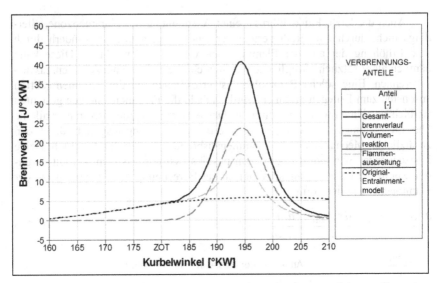

Abbildung 4.23:   Anteile von Flammenausbreitung und Volumenreaktion am Brennverlauf für einen typischen Betriebspunkt (Drehzahl: 2000 min^{-1}, p_{mi}: 3
bar, $\lambda = 1{,}16$, $x_{AGR,st} = 36\ \%$, Haupteinspritzung 330°KW v. ZOT)

4.4.2   Berücksichtigung der Flammenausbreitung bei der Volumenreaktion

Die Auswirkung der Flammenausbreitung auf die Volumenreaktion ist unmittelbar einsichtig und umfasst zwei Aspekte:

■   Durch die Wärmefreisetzung der über eine Flammenausbreitung stattfin-
denden Verbrennung und den damit einhergehenden Temperaturanstieg
verkürzt sich der Zündverzug.

■   Masse, die bereits über die Flammenausbreitung verbrannt ist, kann nicht
nochmals über eine Volumenreaktion verbrennen.

Während der erste Punkt bereits automatisch in die Zündverzugsberechnung
eingeht – und hinsichtlich seiner Auswirkungen je nach Randbedingungen
durchaus beträchtlich sein kann, vergleiche Kapitel 4.5– muss der zweite geson-
dert berücksichtigt werden. Hierbei stellt sich die Frage, auf welche Weise die
über das Entrainmentmodell verbrannte Masse den Temperaturgruppen des „verteilten Zündintegrals" entnommen werden soll – was der Frage entspricht, ob die
über das Entrainmentmodell verbrennenden Anteile eher in heißen oder in kalten
Bereichen des Brennraums liegen. Während diese Frage – insbesondere mit
Blick auf die von der Zündkerze ausgehende Flammenausbreitung bei Zündfunkenunterstützung der Benzinselbstzündung – nicht allgemeingültig beantwortet

werden kann, erscheint es sinnvoll, in Anlehnung der Handhabung in Kapitel 4.4 und in Abwesenheit von räumlichen Informationen im nulldimensionalen Modell erneut von einer gleichmäßigen Verteilung auszugehen. Damit wird die über das Entrainmentmodell verbrennende Masse allen Temperaturgruppen, die noch nicht zur Selbstzündung gekommen sind, entsprechend deren jeweiligen Massenanteilen gleichmäßig entnommen. Dieses Vorgehen ist in *Abbildung 4.24* veranschaulicht.

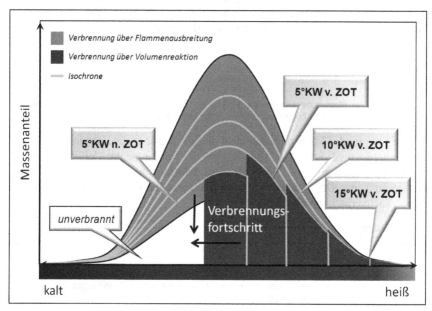

Abbildung 4.24: Zusammenwirken von Volumenreaktion und Flammenausbreitung während des Verbrennungsfortschritts

Die genaue Berechnung, wie viel des Massenanteils einer Temperaturgruppe zu jedem Zeitpunkt bereits über das Entrainmentmodell verbrannt ist, verläuft dabei mathematisch nicht so trivial, wie es auf den ersten Blick erscheinen mag, da sämtliche Größen über der Zeit veränderlich sind und die jeweiligen Verbrennungsanteile sich gegenseitig beeinflussen. Konkret bedeutet das aus Sicht der Volumenreaktion, dass sich der Anteil einer bestimmten Temperaturgruppe, der zu einem bestimmten Zeitpunkt selbstzünden kann, um einen „Entrainment-Faktor" vermindert:

$$\frac{dm_{v,dir}}{dt} = \frac{dm_{ZI}}{dt} \cdot f_{ent} \tag{4.70}$$

$\dfrac{dm_{ZI}}{dt}$ bei ausbleibender Flammenausbreitung nach dem verteilten Zündintegral über eine Volumenreaktion verbrennender Massenstrom [kg/s]

f_{ent} Entrainment-Faktor zur Berücksichtigung der gleichzeitigen Flammenausbreitung [-]

Dieser ist nicht über der Zeit konstant, sondern monoton fallend, sodass er für die heißeste und damit zeitlich früheste Temperaturgruppe den größten und für die kälteste und damit späteste Temperaturgruppe den kleinsten Wert annimmt. Er ergibt sich durch Integration der einzelnen Anteile, die bis zum betrachteten Zeitpunkt bereits über das Entrainmentmodell verbrannt sind:

$$f_{ent} = 1 - \int_{t_0}^{t^*} \frac{dx_{ent}}{dt} dt \qquad (4.71)$$

$\dfrac{dx_{ent}}{dt}$ über eine Flammenausbreitung (Entrainment) verbrennender Massenstrom bezogen auf die Gesamtmasse [1/s]

In dem Integranden können jedoch nicht einfach die über das Entrainmentmodell verbrannten Anteile stehen, da sich die über das Entrainmentmodell stattfindende Verbrennung ja immer nur auf noch nicht selbstgezündete Temperaturgruppen auswirken kann. Daher muss noch ein Korrekturterm eingeführt werden, der diesen Sachverhalt berücksichtigt:

$$\frac{dx_{ent}}{dt} = \frac{\frac{dm_{v,ent}}{dt}}{m_{ges}} \cdot \left(\frac{1}{1 - x_{ZI,v}} \right) \qquad (4.72)$$

$x_{ZI,v}$ Massenanteil der bereits nach dem verteilten Zündintegral gezündeten Temperaturgruppen [-]

Die letzte Klammer in Gleichung (4.72) stellt dabei sicher, dass sich die aktuell über das Entrainmentmodell verbrennende Masse sich nur auf noch nicht gezündete Temperaturgruppen verteilt – was den bereits gezündeten Gruppen nicht mehr entnommen werden kann, erhöht so den „Entrainment-Faktor" der noch nicht gezündeten Gruppen.

Abschließend soll nochmals veranschaulicht werden, wie sich die Bedeutung der beiden Mechanismen in Abhängigkeit der Randbedingungen verändert, siehe *Abbildung 4.25*. Während sehr hohe Restgasraten zu einer laminaren Flammengeschwindigkeit identisch null und damit zu einer ausschließlich über eine Volumenreaktion ablaufenden Verbrennung führen, bewirken umgekehrt niedrige Restgasraten und Temperaturen das Ausbleiben von Selbstzündungen und damit eine alleine durch Flammenausbreitung ablaufende Verbrennung. Dazwischen sind alle Abstufungen denkbar, wobei mit Eintritt der ersten Selbstzündungen die Volumenreaktion im Allgemeinen dominiert und der über eine

Flammenausbreitung verbrennende Anteil nach einer kurzen Phase der Beschleunigung durch die Vergrößerung der Flammenoberfläche verhältnismäßig schnell abklingt. Die Aufteilung zwischen Volumenreaktion und Flammenausbreitung ergibt sich also im Allgemeinen automatisch aus den Randbedingungen, es gehört nicht zu den Aufgaben des Anwenders hier eine geeignete Abstimmung zu finden.

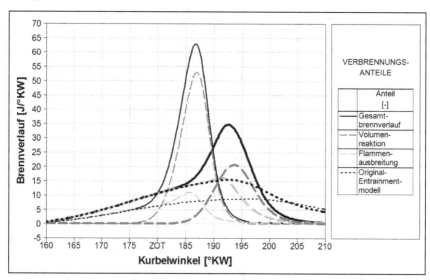

Abbildung 4.25: Aufteilung der Brennrate in Anteile für Flammenausbreitung und Volumenreaktion in Abhängigkeit der Randbedingungen (dünn: $\lambda = 1,03$, $x_{AGR,st} = 40$ %; dick: $\lambda = 1,06$, $x_{AGR,st} = 25$ %; in beiden Fällen Drehzahl: 3000 min^{-1}, p_{mi}: 3 bar, Zündwinkel 30°KW v. ZOT)

4.5 Modellverhalten bei Parametervariationen

Nachdem das Modell und die bestimmenden Gleichungen in den vorangegangenen Unterkapiteln ausführlich beschrieben wurde, können nun sämtliche Abstimmparameter zusammengefasst dargestellt werden, siehe *Tabelle 4.1*. Bezüglich der Zahlenwerte ist es interessant festzustellen, dass die Werte für den Druckexponenten und die Aktivierungsenergie in einem ähnlichen Bereich liegen wie typische Abstimmwerte des Klopfintegrals nach Franzke[38] [93].

---

[38] Dort liegt die Aktivierungsenergie etwa 15 % niedriger und der Druckexponent beträgt 1,3 statt 1.

Tabelle 4.1: Übersicht über alle Abstimmparameter

Name	Einheit	Wert	Erklärung
C_k	[-]	0.12	Legt das Turbulenzniveau fest, vergleiche [36]
a_{ZZP}	[-]	inaktiv	Beschreibt die verlangsamte Eindringgeschwindigkeit in der ersten Verbrennungsphase nach der Zündung, vergleiche Kapitel 4.5
A	$[(m^2/mol)^2/s]$	21^{39}	Abstimmparameter für den Zündverzug, vergleiche Kapitel 4.5.5
E_{Akt}	[kJ/mol]	41,57	Abstimmparameter für den Zündverzug
σ	[K]	36	Legt die Standardabweichung der Temperaturverteilung im Brennraum fest
Versatz	[°KW]	20	Beschreibt vereinfachend die Gemischbildung bei frühen Einspritzungen
ex_{O2}	[-]	1	Abstimmparameter für den Sauerstoffeinfluss auf das Zündintegral
ex_p	[-]	1	Abstimmparameter für den Druckeinfluss auf das Zündintegral
ex_{rad}	[-]	1	Abstimmparameter für den Radikaleinfluss auf das Zündintegral
f_{red}	[-]	0.3	beschreibt die reduzierte Wirksamkeit von rückgesaugtem Restgas
$C_{Beimisch}$	[-]	0.06	beschreibt die Geschwindigkeit der Gemischaufbereitung
D_{Vrkt}	[-]	2	dämpft die Beschleunigung der Flammenausbreitung bei hohen Vorreaktionsniveaus im Unverbrannten
f_{Inhom}	[-]	10	beschreibt die räumliche Inhomogenität im Brennraum und damit wie wahrscheinlich es ist, dass neue Zündzentren räumlich voneinander getrennt entstehen
ε_{Wand}	[-]	0.25	beschreibt den Massenanteil des Wandeinflussbereichs
$C_{\sigma,WEB-NB}$	[-]	3	beschreibt das Verhältnis der Standardabweichungen in Wandeinfluss- und Normalbereich

    Im Ganzen sind damit 14 Abstimmparameter vorhanden, von denen zwei auf das originale Entrainmentmodell entfallen und zwölf durch dessen Erweiterung entstehen beziehungsweise Teil der Modellierung für die Volumenreaktion

---

[39]   Um dem Anwender die Nutzung des Modells zu erleichtern und unhandliche Werte zu vermeiden, wird an der Stelle von A der durch 1000 dividierte Kehrwert A* verwendet.

sind. Die Bedeutung aller Parameter ist anschaulich nachvollziehbar und ermöglicht dem Anwender somit ein intuitives Verständnis zur Nutzung des Modells.

Zu beachten ist, dass sechs Abstimmparameter – zumindest theoretisch – in der Regel motorunabhängig sein sollten, da sie lediglich die Reaktionskinetik beschreiben. Sie können folglich mit Default-Werten belegt werden. Damit verbleiben für die praktische Anwendung in Summe nur sechs neue Abstimmparameter, für die im Folgenden jeweils skizziert werden soll, wie Sie sich auf das Modell auswirken. Dies soll den Abstimmungsprozess für die spätere Anwendung erleichtern, vergleiche Kapitel 5. Zu beachten ist, dass sich die einzelnen Parameter je nach Aufteilung zwischen Flammenausbreitung und Volumenreaktion unterschiedlich stark auswirken können. Bei Betriebspunkten ohne Flammenausbreitung sind die hierfür vorgesehenen Abstimmparameter natürlich wirkungslos. Aus illustrativen Gründen ist für die folgenden Unterkapitel daher ein Betriebspunkt gewählt worden, der in der Basisabstimmung einen nennenswerten Anteil an über die Flammenausbreitung verbrennenden Masse aufweist.

4.5.1   Variation von Parametern des Original-Entrainmentmodells

Für die Abstimmung des originalen Entrainmentmodells wird in der Praxis meist nur der Parameter C_k als Skalierungsfaktor für das globale Turbulenzmodell benötigt. Je größer das globale Turbulenzniveau, umso schneller läuft die Verbrennung ab. Das gilt grundsätzlich auch für den über eine Flammenausbreitung verbrennenden Anteil des in diesem Vorhaben entwickelten Brennverlaufmodells. Damit kommt es auch nur zu einer Veränderung des Brennverlaufs, wenn aufgrund der Randbedingungen eine nennenswerte Flammenausbreitung stattfinden kann, siehe *Abbildung 4.26*. Wenn dies jedoch der Fall ist, kann es durch die Wärmefreisetzung der flammenausbreitungsbasierten Verbrennung auch zu einer merklichen Beeinflussung des Zündverzugs kommen.

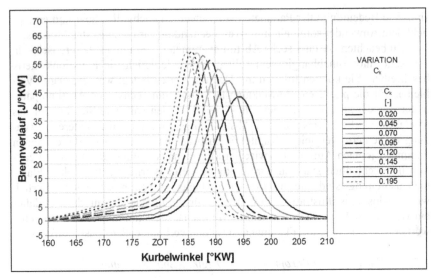

Abbildung 4.26: Auswirkung einer Variation des Parameters C_k auf den Brennverlauf (Drehzahl: 3000 min^{-1}, p_{mi}: 3 bar, λ = 1,04, $x_{AGR,st}$ = 39 %, Haupteinspritzung 250°KW v. ZOT, Zündwinkel 30°KW v. ZOT)

Daneben wirkt sich der Parameter C_k auch auf das Gemischbildungsmodell aus, das ebenfalls auf das Turbulenzmodell zugreift. Die Auswirkung einer Variation von C_k sind dabei vergleichbar mit einer Variation des Beimischungsfaktors, siehe Kapitel 4.5.4.

Die Unsicherheiten in der frühen Entflammungsphase führen in der praktischen Anwendung des originalen Entrainmentmodells oft zu der Verwendung eines Schwerpunktreglers, mit dem der Zündzeitpunkt so eingestellt wird, dass der Verbrennungsschwerpunkt richtig getroffen wird. Ein solches Vorgehen ist in dem neu entwickelten Brennverlaufsmodell nicht mehr sinnvoll, da der Schwerpunkt der Verbrennung nicht mehr alleine durch das Entrainmentmodell bestimmt wird. Da die Unsicherheiten in der frühen Entflammungsphase allerdings weiterhin bestehen, kann es sinnvoll sein, den Parameter a_{ZZP} zu verwenden, mit dem die Eindringgeschwindigkeit in der ersten Verbrennungsphase reduziert werden kann:

$$\frac{dm_E}{dt} = \frac{dm_{E,orig}}{dt} \cdot \left(1 - e^{-a_{ZZP} \cdot \frac{(\varphi - \varphi_{ZZP})\frac{dt}{d\varphi}}{\tau_L(\varphi_{ZZP})}} \right) \qquad (4.73)$$

a_{ZZP} Parameter zur Beschreibung der erniedrigten Flammengeschwindigkeit in der frühen Ausbreitungsphase [-]

$\dfrac{dt}{d\varphi}$ Ableitung der Zeit nach dem Kurbelwinkel [s/°KW]

φ_{ZZP} Zündwinkel [°KW]

Die Auswirkungen einer Variation des Parameters a_{ZZP} auf den Brennverlauf ist in *Abbildung 4.27* exemplarisch dargestellt.

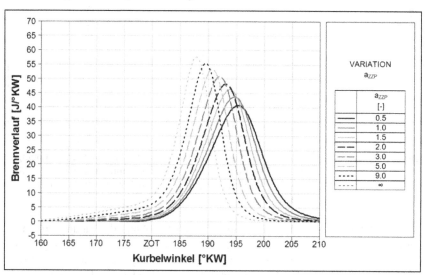

Abbildung 4.27:   Auswirkung einer Variation des Parameters a_{ZZP} auf den Brennverlauf (Drehzahl: 3000 min^{-1}, p_{mi}: 3 bar, $\lambda = 1{,}04$, $x_{AGR,st} = 39$ %, Haupteinspritzung 250°KW v. ZOT, Zündwinkel 30°KW v. ZOT)

4.5.2 Variation der räumlichen Inhomogenität

Die räumliche Inhomogenität stellt einen wichtigen Abstimmparameter dar, mit dem die Flammenausbreitung innerhalb des neuen Brennverlaufmodells deutlich beeinflusst werden kann. Ein größerer Wert des Faktors für die räumliche Inhomogenität bewirkt das Entstehen von mehr unabhängigen Zündzentren und damit eine stärkere Beschleunigung der Flammenausbreitung bei einsetzenden Selbstzündungen, siehe *Abbildung 4.28*.

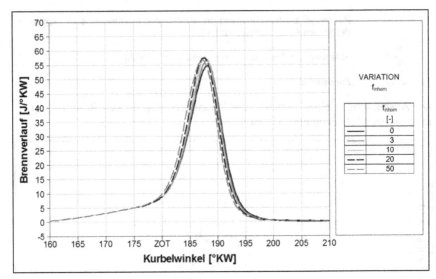

Abbildung 4.28: Auswirkung einer Variation des Faktors für die räumliche Inhomogenität auf den Brennverlauf (Drehzahl: 3000 min^{-1}, p_{mi}: 3 bar, $\lambda = 1{,}04$, $x_{AGR,st} = 39$ %, Haupteinspritzung 250°KW v. ZOT, Zündwinkel 30°KW v. ZOT)

Auffällig ist, dass die Auswirkungen einer Erhöhung des Parameters umso geringer ausfallen, je höher der Ausgangswert ist. Dies spiegelt die degressive Charakteristik des Oberflächenvergrößerungsfaktors über der Zündzentrenanzahl wider, vergleiche Kapitel 4.3. Aus praktischen Gründen ist daher im Modell auch eine Begrenzung der maximalen Zündzentrenanzahl implementiert, womit durch eine Steigerung bereits sehr hoher Werte für die räumliche Inhomogenität keine weitere Veränderung des Brennverlaufs mehr erzielt werden kann.

4.5.3 Variation des Dämpfungsfaktors auf die beschleunigte Flammengeschwindigkeit

Neben der räumlichen Inhomogenität ist der Dämpfungsfaktor der zweite Abstimmparameter, mit dem die veränderte Flammenausbreitung variiert werden kann. Je größer der Wert, umso geringer fällt die Beschleunigung der Flammenausbreitung aus. Der kleinste für den Dämpfungsfaktor mögliche Wert beträgt eins, siehe *Abbildung 4.29*.

Offensichtlich geht der Einfluss des Dämpfungsfaktors auf die Verbrennung bei Erhöhung der Werte schnell zurück. Da die modifizierte Flammengeschwindigkeit sich rein multiplikativ aus den bekannten Korrelationen ergibt, wird sie für hohe Restgasgehalte identisch null, was bei niedrigen Werten des Dämpfungsfaktors zu einer unplausibel starken Benachteiligung restgasreicher Betriebspunkte führt. Es wird daher empfohlen, den Dämpfungsfaktor immer auf hohen Werten zu belassen, zumindest solange für die Flammengeschwindigkeit bei weit vorangeschrittenen Reaktionen im Unverbrannten noch große experimentelle Unsicherheiten bestehen.

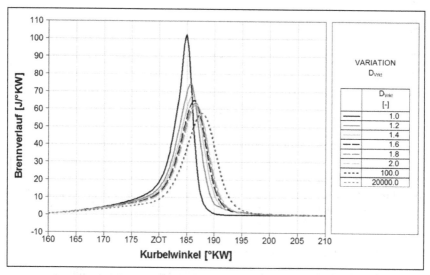

Abbildung 4.29: Auswirkung einer Variation des Dämpfungsfaktors für die beschleunigte Flammengeschwindigkeit auf den Brennverlauf (Drehzahl: 3000 min^{-1}, p_{mi}: 3 bar, λ = 1,04, $x_{AGR,st}$ = 39 %, Haupteinspritzung 250°KW v. ZOT, Zündwinkel 30°KW v. ZOT)

4.5.4 Variation des Beimischungsfaktors

Der Beimischungsfaktor wirkt sich aufgrund der Anlage des Gemischbildungsmodells nur bei Einspritzungen kurz vor dem oberen Totpunkt aus, wie sie typischerweise nur während der GOT-Verbrennung auftreten. Je höher der Beimischungsfaktor ausfällt, umso schneller kann für mehr Temperaturgruppen das Zündintegral beginnen zu laufen und umso mehr Kraftstoff wird umgesetzt, siehe *Abbildung 4.30*. Es kommt entsprechend zu einer höheren Brennrate und einer leichten Frühverschiebung der Verbrennung.

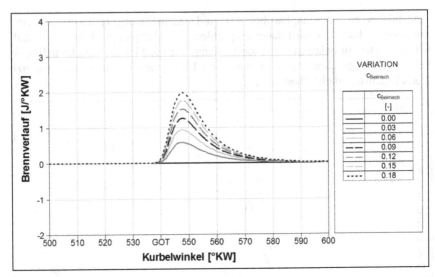

Abbildung 4.30: Auswirkung einer Variation des Beimischungsfaktors(Drehzahl: 2000 min⁻¹, p_{mi}: 2 bar, λ = 1,57, $x_{AGR,st}$(ES) = 37 %, Haupteinspritzung 20°KW v. GOT)

4.5.5   Variation von Zündverzugsparametern

Die Auswirkungen einer Veränderung des Zündverzugs sind qualitativ weitgehend unabhängig von dem Parameter, mit dem die Veränderung erzielt wird und hängen stark von der Verbrennungslage ab. Verbrennungsschwerpunkte vor dem oberen Totpunkt führen zu einem starken Temperaturanstieg und damit zu einer Selbstverstärkung des Selbstzündprozesses, der zu einem schnellen Durchbrand und hohen Brennverlaufsmaxima führt. Je später der Verbrennungsschwerpunkt liegt, umso geringer fällt dieser Effekt aus mit den entsprechenden Folgen für den Brennverlauf, bis hin zu Fällen bei sehr späten Lagen, in denen ein bedeutender Anteil des Kraftstoffs nicht mehr umgesetzt werden kann. Dieses Verhalten ist stellvertretend anhand des präexponentiellen Faktors im Zündintegral in *Abbildung 4.31* veranschaulicht. Generell ist zu beachten, dass die Verbrennungslage und die maximale Brennrate stark miteinander korreliert sind, womit die Beobachtungen aus der Druckverlaufsanalyse gut wiedergegeben werden können.

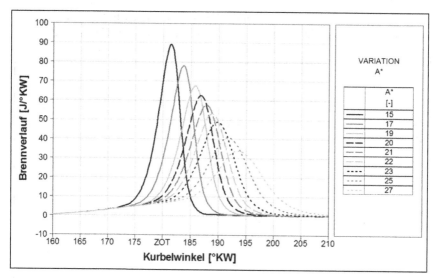

Abbildung 4.31: Auswirkung einer Variation des durch 1000 dividierten Kehrwerts des präexponentiellen Faktors im Zündintegral auf den Brennverlauf (Drehzahl: 3000 min⁻¹, p_{mi}: 3 bar, λ = 1,04, $x_{AGR,st}$ = 39 %, Haupteinspritzung 250°KW v. ZOT, Zündwinkel 30°KW v. ZOT)

4.5.6 Variation der Standardabweichung

Die Standardabweichung der Temperaturverteilung ist neben den Zündverzugsparametern der wichtigste Abstimmungsparameter zur Beeinflussung der Volumenreaktion. Im Wesentlichen wird hierdurch die Brenndauer bestimmt: Je kleiner die Standardabweichung, desto kürzer die Brenndauer, bis hin zu einer Gleichraumverbrennung für eine Standardabweichung identisch null[40]. Zu beachten ist dabei lediglich, dass die Brenndauer auch durch die Verbrennungslage deutlich beeinflusst wird.

Umgekehrt besteht auch ein eher gering ausgeprägter Einfluss der Standardabweichung auf die Verbrennungslage: Bei unveränderten Zündverzugsparametern bewirkt eine größere Standardabweichung, dass die heißesten Temperaturgruppen früher zünden und es so zu einem früheren Brennbeginn kommt. Über den Selbstverstärkungseffekt des Selbstzündprozesses verschiebt sich damit auch der Schwerpunkt der Verbrennung nach vorne. Das Brennende liegt im Allgemeinen bei einer größeren Standardabweichung zwar noch später als bei

---

[40] Während dieser Grenzfall prinzipiell durch das Modell wiedergegeben werden kann, kommt es in der Praxis durch den extremen Druck- und Temperaturanstieg in der Regel zu Abstürzen.

einer geringeren Standardabweichung, allerdings merklich früher, als ohne den Selbstverstärkungseffekt zu erwarten gewesen wäre, siehe *Abbildung 4.32.*

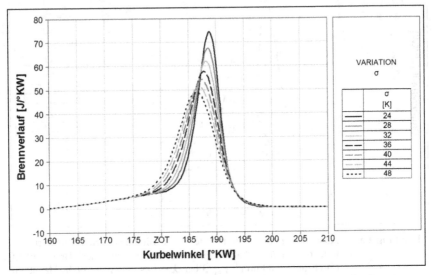

Abbildung 4.32:   Auswirkung einer Variation der Standardabweichung der Temperatur-verteilung auf den Brennverlauf (Drehzahl: 3000 min^{-1}, p_{mi}: 3 bar, λ = 1,04, $x_{AGR,st}$ = 39 %, Haupteinspritzung 250°KW v. ZOT, Zündwinkel 30°KW v. ZOT)

4.5.7   Variation der Parameter des Wandeinflussbereichs

Der Wandeinflussbereich beschreibt die kälteren Temperaturgruppen und ist damit für die späte Phase der Verbrennung maßgeblich. Die Abstimmung des Wandeinflussbereichs erfolgt über zwei Parameter: den Verhältnisfaktor der Standardabweichung für den Wandeinflussbereich und den Massenanteil des Wandeinflussbereichs.

Der Verhältnisfaktor bestimmt, wie stark sich die Normalverteilungen des Normalbereichs und des Wandeinflussbereichs überlappen und damit auch die Länge des Ausbrands. Er kann in der Regel auf seinem Default-Wert belassen werden. Werte unter eins sind physikalisch unplausibel, vergleiche Kapitel 4.2.2. Sehr große Werte führen zu langen Ausbrandphasen und können aufgrund der Symmetrie der Normalverteilung auch die frühe Phase beeinflussen. Der Einfluss ist allerdings insgesamt sehr gering, vergleiche *Abbildung 4.33.* Man wird den Parameter in der Praxis so gut wie immer auf seinem Default-Wert belassen können.

Auch der Massenanteil des Wandeinflussbereichs kann sinnvollerweise auf einen Wertebereich eingeschränkt werden, vergleiche Kapitel 4.2.2. Je größer der Massenanteil des Wandeinflussbereichs, umso deutlicher tritt die Ausbrandphase hervor und umso geringer fällt die maximale Brennrate aus, die in erster Linie durch den Normalbereich bestimmt wird und dessen Massenanteil entsprechend reduziert wird. Gleichzeitig bewirkt ein größerer Wandeinflussbereich auch einen geringen Anstieg der Mitteltemperatur des Normalbereichs und damit eine moderate Frühverschiebung der Verbrennung, siehe *Abbildung 4.34*.

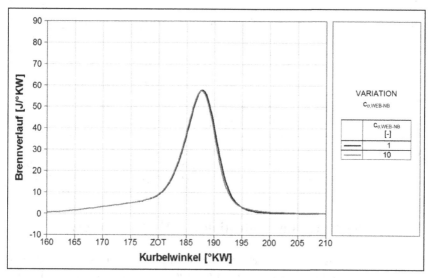

Abbildung 4.33: Auswirkung einer Variation des Verhältnisfaktors der Standardabweichung für den Wandeinflussbereich (Drehzahl: 3000 min^{-1}, p_{mi}: 3 bar, $\lambda = 1,04$, $x_{AGR,st} = 39$ %, Haupteinspritzung 250°KW v. ZOT, Zündwinkel 30°KW v. ZOT)

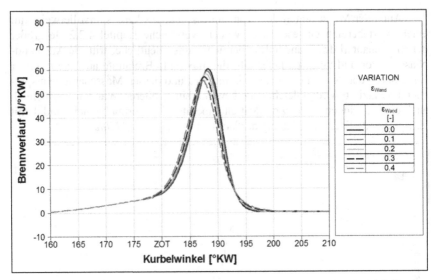

Abbildung 4.34: Auswirkung einer Variation des Massenanteils des Wandeinflussbereichs (Drehzahl: 3000 min^{-1}, p_{mi}: 3 bar, λ = 1,04, $x_{AGR,st}$ = 39 %, Haupteinspritzung 250°KW v. ZOT, Zündwinkel 30°KW v. ZOT)

4.6 Unsicherheiten und Potentiale des Modellansatzes

Betrachtet man abschließend nochmals die Gesamtkonzeption des neuen Brennverlaufmodells, ist eine Reihe von günstigen Eigenschaften festzustellen. Besonders hervorzuheben sind dabei nochmals die folgenden Aspekte:

- Das Modell kann sowohl eine Flammenausbreitung als auch Selbstzündprozesse beschreiben und deckt damit ein breites Spektrum an möglichen Randbedingungen ab. Insbesondere ermöglicht es somit auch den Übergang zur konventionellen ottomotorischen Verbrennung und damit auch die Simulation von Betriebsartenwechseln.

- Das Modell kommt weitgehend ohne empirische Korrekturen aus. Es beruht auf den vielfach eingesetzten und im täglichen Gebrauch bewährten Ansätzen für Zündverzug und laminar-turbulenter Flammenausbreitung. Neu sind das Konzept einer Normalverteilung der Temperatur im Brennraum und die Berechnung der Flammenoberfläche bei multiplen Zündorten. Die Normalverteilung ist in Naturwissenschaften und Technik ebenfalls weit verbreitet, die Oberflächenberechnung beruht auf eindeutigen geometrischen Berechnungen.

■ Das Modell kommt mit vergleichsweise wenigen, intuitiv verständlichen und in ihrer Wirkung eindeutigen Abstimmparametern aus. Gleichzeitig benötigt es nur sehr geringe Rechenzeiten[41] und liefert, wie Kapitel 5 zeigen wird, sehr gute Übereinstimmungen mit den Ergebnissen der Druckverlaufsanalyse. Damit ist es in hohem Maße anwenderfreundlich.

Dennoch bestehen in der Modellierung an einigen Stellen auch Unsicherheiten. Soweit diese die fehlende räumliche Auflösung im Rahmen eines nulldimensionalen Modells betreffen, sind sie unvermeidlich, werden aber durch physikalisch plausible Annahmen angemessen behandelt. In zwei anderen Bereichen treten jedoch Unsicherheiten auf, die teilweise durch genauere Untersuchungen verringert werden könnten:

■ Die in der Realität sehr komplexe Reaktionskinetik wird im vorliegenden Modell mit einem einfachen Arrhenius-Ansatz abgebildet. Obwohl damit sehr gute Ergebnisse erzielt werden, kann durch das Fehlen weiterer Validierungsmöglichkeiten nicht garantiert werden, ob die hier gefundene Abstimmung des Zündintegrals auf größere Veränderungen der Betriebsstrategie robust reagiert oder ob dann möglicherweise andere Elementarreaktionen zeitbestimmend werden, die eine veränderte Abstimmung erfordern. Dies gilt insbesondere vor dem Hintergrund, dass nur ein vergleichsweise kleiner Last/Drehzahl-Schnitt zur Modellentwicklung und -validierung zur Verfügung stand. Eine erste Abschätzung, inwieweit die gefundene Abstimmung die Reaktionskinetik abbildet, soll der Vergleich mit gemessenen Zündverzugszeiten bieten, siehe *Abbildung 4.35*. Offensichtlich liegen die einzelnen Arrhenius-Geraden in einem plausiblen Bereich, wenngleich auch insbesondere im Bereich mit verringerter Temperatur-Abhängigkeit deutliche Unterschiede feststellbar sind. Somit könnte es für künftige Vorhaben interessant sein zu überprüfen, ob durch die Kombination von mehreren Arrhenius-Integralen oder einen empirischen Term[42], der zur Zylindertemperatur aufaddiert wird, die Vorhersagegüte oder die Robustheit weiter verbessert werden können.

■ Eine wichtige Eingangsgröße für das Modell stellt die laminare Flammengeschwindigkeit dar. Obwohl aus Messungen zahlreiche Korrelationen hierfür gewonnen wurden – zum Beispiel [44] [37] – ist festzuhalten, dass diese selbst unter Bedingungen, wie sie für die konventionelle fremdgezündete ot-

---

[41] Auf einem Standard Desktop-PC liegen die Rechenzeiten für ein vollständiges Arbeitsspiel inklusive Ladungswechselanalyse deutlich unter fünf Sekunden.

[42] Denkbar wäre beispielsweise die Formulierung eines Terms in Anlehnung an die Dichtefunktion der Normalverteilung, wobei die Lage des Bereichs verringerter Temperaturabhängigkeit mit dem Mittelwert und seine Breite mit der Standardabweichung angegeben wird. Es ergibt sich dann eine verminderte „wirksame" Zylindertemperatur für das Zündintegral.

tomotorische Verbrennung typisch sind, zum Teil erhebliche Abweichungen voneinander aufweisen[43]. Hinzu kommt, dass die den Korrelationen zugrunde liegenden Messungen meist nur einen geringen Bereich um das stöchiometrische Luftverhältnis und bei geringen Restgasgehalten abdecken, sodass bei der Extrapolation in die Bereiche, die für die kontrollierte Benzinselbstzündung relevant sind, große Unsicherheiten vorhanden sind. Nicht zuletzt wird bei Messverfahren, wie sie zur Bestimmung der laminaren Flammengeschwindigkeit üblicherweise eingesetzt werden, der Einfluss des Vorreaktionsniveaus nicht erfasst: Der Temperatureinfluss in den Korrelationen für die laminare Flammengeschwindigkeit ergibt sich lediglich aus dem Temperaturanstieg während der Verbrennung, während die Temperatur bei Messungsbeginn konstant und in der Nähe der Raumtemperatur ist. Das Vorreaktionsniveau ist damit im Gegensatz zu den Verhältnissen bei der kontrollierten Benzinselbstzündung vernachlässigbar.

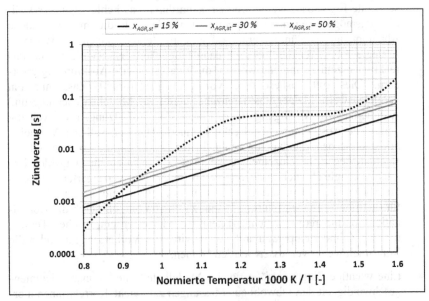

Abbildung 4.35:   Für Isooktan gemessener und mit der gefundenen Abstimmung berechneter Zündverzug bei stöchiometrischem Gemisch und 10 bar Druck in Abhängigkeit der Restgasrate, Messwerte (gestrichelt) aus [78]

---

[43]   Ein Vergleich verschiedener Korrelationen wird in Anhang 1 gezeigt.

Diese Unsicherheiten sind insofern von Bedeutung, als dass eine höhere laminare Flammengeschwindigkeit eine deutliche Beschleunigung des darüber verbrennenden Anteils und damit auch eine unterschiedliche Aufteilung zwischen Flammenausbreitung und Volumenreaktion bewirken würde. Es bleibt also die Frage, wie gut das Modell diesbezüglich die realen Verhältnisse annähert. Da auch in anderen Bereichen, etwa beim Betrieb von Gasmotoren mit hohen Luftverhältnissen[44], für die Praxis relevante Unsicherheiten bezüglich der laminaren Flammengeschwindigkeit bestehen, die sich auch negativ auf die Vorhersagegüte von Verbrennungsmodellen auswirken, wäre es in jedem Fall wünschenswert, diese durch entsprechende Forschungsarbeit zu beseitigen.

Zusätzlich zu den Möglichkeiten, die sich aus einer Verbesserung der beschriebenen Unsicherheiten ergeben, bietet die Grundkonzeption des neuen Brennverlaufmodells auch weitergehende Entwicklungsmöglichkeiten. So verspricht die gemeinsame Modellierung von Flammenausbreitung und Selbstzündungen auch die grundsätzliche Möglichkeit, Erscheinungen wie Vorentflammungen und klopfende Verbrennung im konventionellen fremdgezündeten Betrieb prinzipiell zu erfassen[45]. Damit scheint als mittelfristige Perspektive auch die Entwicklung eines integralen Brennverlaufmodells denkbar, mit dem sämtliche bei der ottomotorischen Verbrennung auftretenden Phänomene in einem gemeinsamen Ansatz erfasst werden können.

---

[44] vergleiche Anhang 1
[45] Hierzu müsste insbesondere die Abstimmung des Zündintegrals überarbeitet werden, das gegenwärtig bei niedrigen Restgasraten nur sehr langsam voranschreiten würde.

5 Validierung des neuen Modellansatzes

5.1 Abstimmprozess

Auf Grundlage der in Kapitel 4.5 beschriebenen Parametervariationen kann das grundsätzliche Modellverhalten gut nachvollzogen werden und eine zielgerichtete Abstimmung vorgenommen werden. Im Folgenden sollen noch einige Hinweise für eine sinnvolle Strategie bei der Modellabstimmung gegeben werden.

5.1.1 Abstimmung der Flammenausbreitung

Da die kontrollierte Benzinselbstzündung ein reines Teillast-Brennverfahren darstellt, sollten in der Regel von dem Motor, auf den das Modell abgestimmt werden soll, auch Betriebspunkte in der konventionellen fremdgezündeten Betriebsart vorliegen. Es ist zu empfehlen, in einem ersten Schritt zunächst die Parameter des Original-Entrainmentmodells auf dieser Grundlage abzustimmen[46]. Auf diese Weise ist der spätere Übergang für Simulationen zum Betriebsartenwechsel bereits sichergestellt. Zugleich wird mit dem Turbulenzniveau auch eine wichtige Größe für das Gemischbildungsmodell festgelegt. Exemplarisch zeigt *Abbildung 5.1* die Abstimmung eines konventionellen fremdgezündeten Betriebspunkts, wobei es zu keiner Volumenreaktion kommt.

---

[46] Sofern von dem betrachteten Motor bereits eine Abstimmung des Original-Entrainmentmodells bzw. des Turbulenzmodells vorliegt, können die entsprechenden Parameter einfach direkt in das neue Brennverlaufsmodell übernommen werden.

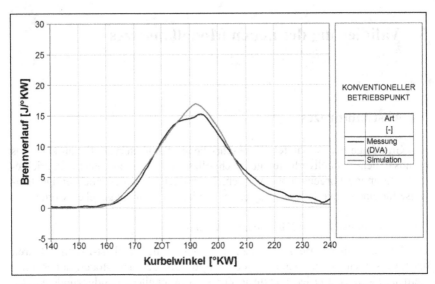

Abbildung 5.1:   Simulation eines konventionellen fremdgezündeten Betriebspunkts
mit dem neuen Brennverlaufsmodell (Drehzahl: 3000 min^{-1}, p_{mi}: 3 bar,
$\lambda = 1,00$, $x_{AGR,st} = 18$ %, Zündwinkel 30°KW v. ZOT)

5.1.2   Abstimmung des Zündverzugs

Während mit dem ersten Schritt die wichtigsten Parameter des auf dem Entrainmentmodell basierenden Anteils bereits festliegen, ist es empfehlenswert im
nächsten Schritt die Parameter des Zündintegrals abzustimmen, die für die Volumenreaktion von entscheidender Bedeutung sind. Obwohl mehrere Parameter
einen Einfluss auf das Zündintegral haben, vergleiche Kapitel 4.5.5, sollte es in
der Praxis idealerweise ausreichend sein, das Zündintegral über den präexponentiellen Faktor abzustimmen, während die übrigen Parameter auf ihren Default-
Werten belassen werden können. Leider fehlt es für genauere Aussagen hierzu
an Erfahrungswerten, da nur die Daten eines einzigen Motors zur Validierung
zur Verfügung standen.

Gesetzt den Fall, dass auch eine Optimierung anderer Parameter erforderlich sein sollte, wird folgendes Vorgehen empfohlen: Der Parameter zur Abstimmung des Sauerstoffanteils sowie der Versatzwert für das Zündintegral sollten bei ihren Default-Wert belassen werden, da es ansonsten bei der Strategie
Restgasrückhaltung während der negativen Ventilüberschneidung trotz geringen
Sauerstoffgehalts zu einer viel zu frühen Verbrennung kommen könnte. Anschließend kann, sofern vorhanden, eine Variation des Einspritzzeitpunkts bei
ansonsten unveränderten Randbedingungen verwendet werden, um den Wert für
die Aktivierungsenergie abzustimmen. Dieser bestimmt wesentlich, wie sensitiv

das Zündintegral auf einen Temperaturanstieg und damit auch auf einen veränderten Einspritzzeitpunkt reagiert: Für hohe Werte der Aktivierungsenergie schreitet das Zündintegral erst für hohe Temperaturen voran, sodass sich Variationen des Einspritzzeitpunkts in Kurbelwinkelbereichen niedriger Temperatur nur geringfügig auswirken. Parallel zu der Verstellung der Aktivierungsenergie muss dann natürlich auch immer der präexponentielle Faktor angepasst werden, um die Verbrennungslage beibehalten zu können. Der Parameter für den Restgaseinfluss kann dann anschließend bei einer Restgasvariation abgestimmt werden.

Eine Besonderheit stellt der Faktor zur Beschreibung der reduzierten Wirksamkeit von rückgesaugtem Restgas dar. Er kann im Grunde nur dann sinnvoll abgestimmt werden, wenn Betriebspunkte mit unterschiedlichen Restgasstrategien vermessen wurden, da er bei reiner Abgasrückhaltung nicht verwendet wird und bei ausschließlicher Abgasrücksaugung nicht von der Abstimmung des präexponentiellen Faktors zu trennen ist. Bevor dieser Parameter abgestimmt werden kann, muss also eine Abstimmung für die Strategie Restgasrückhaltung vorhanden sein, auf der aufbauend dann der Zündverzug für Strategien mit Restgasrücksaugung abgestimmt werden kann. Ansonsten ist es empfehlenswert, den Faktor zur Beschreibung der reduzierten Wirksamkeit von rückgesaugtem Restgas auf seinem Default-Wert zu belassen.

5.1.3 Abstimmung der Standardabweichung und des Wandeinflussbereichs

Als nächster wichtiger Parameter für die Volumenreaktion sollte die Standardabweichung der Temperaturverteilung festgelegt werden. Sie wird so gewählt, dass die Brenndauer und die maximale Brennrate in der richtigen Größenordnung liegen. Anschließend kann die Ausbrandphase durch geeignete Wahl des Massenanteils des Wandeinflussbereichs abgestimmt werden. Da damit auch die maximale Brennrate beeinflusst wird, kann nochmals eine Nachjustierung der Standardabweichung erforderlich werden. Ebenso ist unter Umständen danach wegen des Quereinflusses der Standardabweichung auf die Verbrennungslage (vergleiche Kapitel 4.5.6) nochmals eine Anpassung des Zündverzugs erforderlich. Insgesamt sollte in der Regel eine Iterationsschleife in diesem Prozess bereits zu zufriedenstellenden Resultaten führen.

5.1.4 Abstimmung der räumlichen Inhomogenität

In einem letzten Schritt kann die Form des Brennverlaufs noch über den Faktor der räumlichen Inhomogenität abgestimmt werden. Eine Erhöhung des Werts bewirkt ein „Abkippen" des Brennverlaufs nach links, womit gegebenenfalls eine bessere Anpassung an die Messdaten erreicht werden kann. Zu beachten ist dabei allerdings, dass sich eine Veränderung der räumlichen Inhomogenität nur

auf Betriebspunkte auswirkt, die eine nennenswerte Flammenausbreitung vor-
weisen.

5.1.5 Abstimmung der GOT-Verbrennung

Da alle Parameter auch unverändert für die GOT-Verbrennung gültig sind, muss
abschließend lediglich noch der Beimischungsfaktor abgestimmt werden. Je
höher der Wert, umso mehr Kraftstoff wird aufbereitet und umgesetzt.

Insgesamt liegt damit am Ende des Abstimmprozesses ein Parametersatz vor, mit
dem idealerweise alle Betriebspunkte einheitlich berechnet werden können. Dies
ist zumindest am Validierungsmotor mit den in *Tabelle 4.1* angegebenen Werten
gelungen.

5.2 Simulationsergebnisse für Strategie Restgasrückhaltung

Wie in Kapitel 3 beschrieben wurde der Großteil der untersuchten Betriebspunk-
te des Versuchsträgers mit der Restgasstrategie Restgasrückhaltung vermessen.
Entsprechend liegt eine große Anzahl an Variationen der Stellgrößen vor, die im
Folgenden systematisch simuliert werden sollen. Dabei werden zunächst immer
Variationen von einer einzelnen Stellgröße betrachtet, bevor auf kombinierte
Variationen übergegangen wird. Dabei werden jeweils die Brennverläufe aus der
Druckverlaufsanalyse mit jenen der Simulation verglichen, was eine detaillierte
Analyse der Modellgüte ermöglicht. Für einen rein zahlenmäßigen Vergleich der
Übereinstimmung zwischen gemessenem und simuliertem Mitteldruck wird auf
Kapitel 5.5 verwiesen.

Alle Simulationen wurden mit den Randbedingungen aus der Druckverlaufsanalyse durchgeführt. Da zwischen Einspritzbeginn und dem Hochdruckteil
um ZOT stets eine Phase mit geöffneten Ventilen liegt, war es auch erforderlich
eine Ladungswechselanalyse basierend auf der Niederdruckindizierung des Versuchsträgers durchzuführen; es wurde folglich jeweils ein vollständiges Arbeitsspiel berechnet, in dem die Simulation der beiden Hochdruckteile mit einer Ladungswechselanalyse gekoppelt wurde.

5.2.1 Variation des Restgasgehalts

Zunächst soll eine Variation des Restgasgehalts betrachtet werden, die bei der
Restgasstrategie Restgasrückhaltung im Wesentlichen durch eine Steuerzeitenvariation des Auslassventils (AS) realisiert wird. Für die Beibehaltung eines konstanten Mitteldrucks ist eine geringfügige Variation der Kraftstoffmenge erforderlich. Alle anderen Stellgrößen werden konstant gehalten, siehe *Tabelle 5.1*.

Tabelle 5.1: Kenngrößen der Restgasvariation

Stellgröße	Einheit	Wert/Beschreibung
Drehzahl	[min⁻¹]	2000
Last (p_mi)	[bar]	2
Zündwinkel	[°KW v. ZOT]	-96
Voreinspritzung	[°KW v. GOT]	keine
Haupteinspritzung	[°KW v. ZOT]	350
Luftverhältnis	[-]	1,11 bis 1,50
stöch. Restgasrate (ES)	[%]	36 bis 55
Ventilsteuerzeiten	[-]	Auslass variabel

Der Vergleich zwischen Druckverlaufsanalyse und Simulation in *Abbildung 5.2* und *Abbildung 5.3* zeigt insgesamt eine sehr gute Übereinstimmung. Sowohl die Verbrennungslage als auch die maximale Brennrate werden für alle Betriebspunkte gut getroffen, der Einfluss der höheren Restgasrate richtig wiedergegeben. Lediglich für den Betriebspunkt mit dem zweitniedrigsten Restgasgehalt passt die Tendenz nicht vollständig; dennoch kann festgestellt werden, dass das Modell sowohl qualitativ als auch quantitativ korrekt auf die veränderten Randbedingungen reagiert. Erwähnenswert ist auch, dass die Verbrennung aufgrund der hohen Restgasgehalte und des fehlenden Zündfunkens fast ausschließlich über eine Volumenreaktion abläuft.

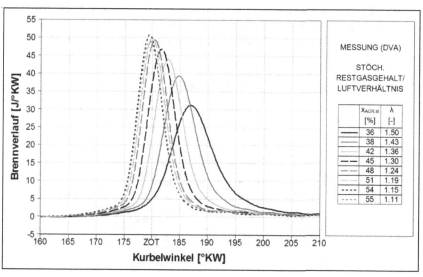

Abbildung 5.2:   Brennverläufe aus der Druckverlaufsanalyse für die Restgasvariation

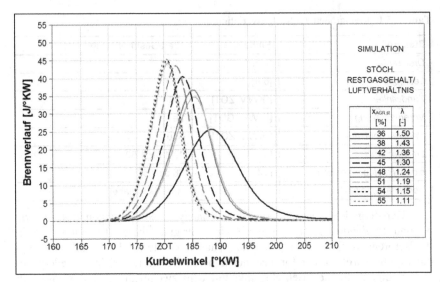

Abbildung 5.3:   Simulierte Brennverläufe für die Restgasvariation

5.2.2   Variation der Haupteinspritzung

Als nächste einparametrige Variation soll der Zeitpunkt der Haupteinspritzung betrachtet werden. Wie *Tabelle 5.2* zu entnehmen ist, wird dieser in einem weiten Bereich, von 335°KW v. ZOT bis 270°KW v. ZOT verstellt. Der Restgasgehalt und das Luftverhältnis unterliegen nur geringen Schwankungen, die in erster Linie durch den Einfluss der Einspritzung auf den Ladungswechsel zurückzuführen sind.

Tabelle 5.2: Kenngrößen der Variation der Haupteinspritzung

Stellgröße	Einheit	Wert/Beschreibung
Drehzahl	[min⁻¹]	3000
Last (p_{mi})	[bar]	3
Zündwinkel	[°KW v. ZOT]	-96
Voreinspritzung	[°KW v. GOT]	keine
Haupteinspritzung	[°KW v. ZOT]	335 bis 270
Luftverhältnis	[-]	1,45 bis 1,50
stöch. Restgasrate (ES)	[%]	31 bis 33
Ventilsteuerzeiten	[-]	fest

Der Vergleich von Druckverlaufsanalyse und Simulation zeigt erneut eine gute Übereinstimmung, insbesondere wird die Spätverschiebung bei späteren Einspritzungen auch quantitativ gut wiedergegeben, siehe *Abbildung 5.4* und *Abbildung 5.5*. Einziger nennenswerter Unterschied ist die in der Simulation etwas zu schnell ablaufende Verbrennung, was sich in höheren maximalen Brennraten und einem früheren Brennende manifestiert. Bemerkenswert ist, dass der eigentlich kontraintuitive Effekt, dass bei einer späteren Einspritzung eine frühere Verbrennung erfolgt – zu erkennen beim Vergleich der beiden Betriebspunkte mit den spätesten Einspritzungen – auch in der Simulation korrekt wiedergegeben werden kann. Dies erklärt sich zum einen dadurch, dass das Zündintegral zwischen den Einspritzzeitpunkten der betrachteten Betriebspunkte aufgrund der vergleichsweise niedrigen Temperaturen nur unwesentlich voranschreitet, und zum anderen dadurch, dass sich die späten Einspritzungen auch auf den Ladungswechsel auswirkt. Damit kommt es trotz identischer Ventilsteuerzeiten für Randbedingungen, die sich verkürzend auf den Zündverzug auswirken. Die Tatsache, dass in der Simulation auch solche Details korrekt abgebildet werden können, kann als weitere Bestätigung der Modellgüte gesehen werden.

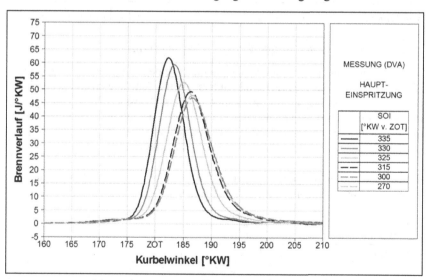

Abbildung 5.4: Brennverläufe aus der Druckverlaufsanalyse für die Variation der Haupteinspritzung

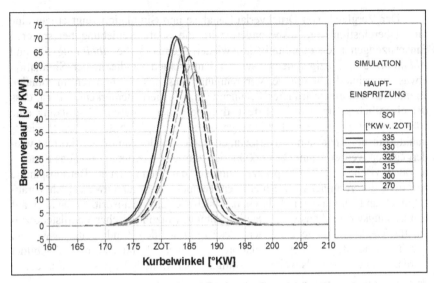

Abbildung 5.5:   Simulierte Brennverläufe für die Variation der Haupteinspritzung

5.2.3   Variation von Restgasgehalt und Haupteinspritzung

Nach den getrennten Variationen soll nun auch eine kombinierte Variation von Restgasgehalt und Einspritzzeitpunkt untersucht werden. Wie bereits in Kapitel 3 beschrieben, muss hierbei für eine näherungsweise konstante Verbrennungslage mit abnehmendem Restgasgehalt der Einspritzbeginn nach früh verstellt werden, um den länger werdenden Zündverzug auszugleichen. In *Tabelle 5.3* sind die Kenngrößen für eine solche Variation zusammengefasst.

Tabelle 5.3: Kenngrößen der kombinierten Variation von Restgasgehalt und Hauptein-spritzung (ohne Zündfunkenunterstützung)

Stellgröße	Einheit	Wert/Beschreibung
Drehzahl	[min⁻¹]	2000
Last (p_{mi})	[bar]	2
Zündwinkel	[°KW v. ZOT]	-96
Voreinspritzung	[°KW v. GOT]	keine
Haupteinspritzung	[°KW v. ZOT]	353 bis 270
Luftverhältnis	[-]	1,22 bis 1,53
stöch. Restgasrate (ES)	[%]	36 bis 51
Ventilsteuerzeiten	[-]	Auslass variabel

Wie *Abbildung 5.6* und *Abbildung 5.7* zeigen, kann auch die kombinierte Variation mit dem neuen Brennverlaufsmodell richtig wiedergegeben werden. Dies ist insofern nicht selbstverständlich, als dass bei der kombinierten Variation die in den Messdaten festzustellenden Korrelation zwischen der Verbrennungslage und der maximalen Brennrate durchbrochen wird: Trotz identischer Verbrennungslage kommt es zu unterschiedlichen maximalen Brennraten, wobei ein höherer Restgasgehalt zu einer größeren Brennrate führt. Dieses Verhalten kann also auch simulativ dargestellt werden. Im betrachteten Fall fällt lediglich die maximale Brennrate in der Simulation durchgehend etwas zu hoch aus, da die Verbrennung etwas zu früh einsetzt.

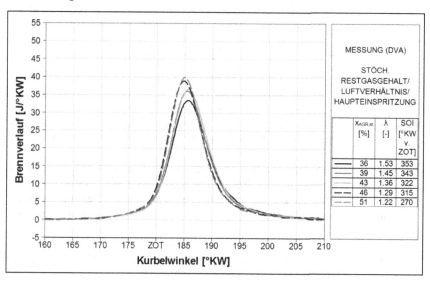

Abbildung 5.6:   Brennverläufe aus der Druckverlaufsanalyse für eine kombinierte Variation von Restgasgehalt und Haupteinspritzung (ohne Zündfunkenunterstützung)

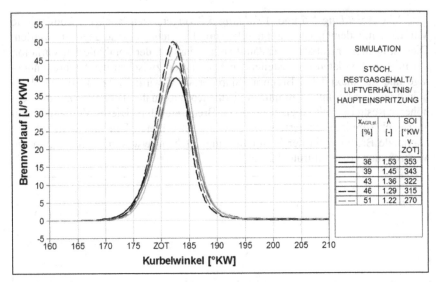

Abbildung 5.7: Simulierte Brennverläufe für eine kombinierte Variation von Restgasgehalt und Haupteinspritzung (ohne Zündfunkenunterstützung)

Zur weiteren Bestätigung soll eine weitere, ähnlich geartete Variation mit kombinierter Veränderung von Restgasrate und Einspritzzeitpunkt betrachtet werden. Im Unterschied zur vorangegangenen Variation erfolgt diesmal auch eine Zündfunkenunterstützung, während die übrigen Kenngrößen in einem vergleichbaren Bereich liegen, siehe *Tabelle 5.4*.

Tabelle 5.4: Kenngrößen der kombinierten Variation von Restgasgehalt und Haupteinspritzung (mit Zündfunkenunterstützung)

Stellgröße	Einheit	Wert/Beschreibung
Drehzahl	[min⁻¹]	2000
Last (p_{mi})	[bar]	2
Zündwinkel	[°KW v. ZOT]	40
Voreinspritzung	[°KW v. GOT]	keine
Haupteinspritzung	[°KW v. ZOT]	355 bis 250
Luftverhältnis	[-]	1,13 bis 1,54
stöch. Restgasrate (ES)	[%]	35 bis 56
Ventilsteuerzeiten	[-]	Auslass variabel

Erneut werden alle Betriebspunkte in der Simulation gut getroffen, insbesondere hinsichtlich ihrer relativen Abstufung zueinander, vergleiche *Abbildung 5.8* und *Abbildung 5.9*. In der Simulation sind in der frühen, durch die Flammenausbreitung geprägten Phase gewisse Unterschiede zu erkennen, die in der Druckverlaufsanalyse so nicht vorkommen. Da die Verbrennung bei recht hohen Luftverhältnissen und Restgasgehalten abläuft, kann dies möglicherweise als Indiz für eine unzureichende Beschreibung der laminaren Flammengeschwindigkeit gedeutet werden. Die Unterschiede sind insgesamt allerdings auch ausgesprochen gering.

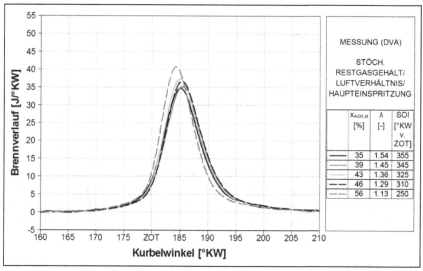

Abbildung 5.8: Brennverläufe aus der Druckverlaufsanalyse für eine kombinierte Variation von Restgasgehalt und Haupteinspritzung (mit Zündfunkenunterstützung)

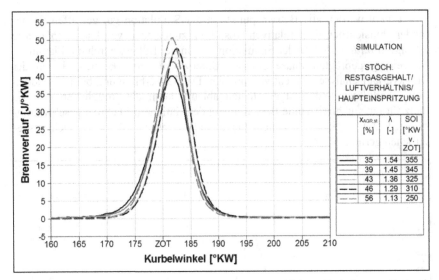

Abbildung 5.9: Simulierte Brennverläufe für eine kombinierte Variation von Restgasgehalt und Haupteinspritzung (mit Zündfunkenunterstützung)

Interessant ist vor allem auch die Simulation einer weiteren Art von kombinierter Restgas-Einspritzzeitpunkt-Variation, wie sie bereits in Kapitel 3 diskutiert wurde. Hier wird durch eine gleichzeitige Verstellung der Drosselklappe das Luftverhältnis in der Nähe des stöchiometrischen Bereichs gehalten, siehe *Tabelle 5.5*.

Tabelle 5.5: Kenngrößen der kombinierten Variation von Restgasgehalt, Haupteinspritzung und Drosselklappenposition

Stellgröße	Einheit	Wert/Beschreibung
Drehzahl	[min^{-1}]	3000
Last (p_{mi})	[bar]	3
Zündwinkel	[°KW v. ZOT]	30
Voreinspritzung	[°KW v. GOT]	keine
Haupteinspritzung	[°KW v. ZOT]	342 bis 250
Luftverhältnis	[-]	1,03 bis 1,06
stöch. Restgasrate (ES)	[%]	25 bis 40
Ventilsteuerzeiten	[-]	Auslass variabel

Es ergibt sich dabei in den Brennverläufen die diskutierte „Kreuzungscharakteristik", bei der niedrige Restgasgehalte in der frühen Phase zwar zu einer stärkeren Flammenausbreitung führen, gleichzeitig aber auch zu einem späteren Einsetzen der Selbstzündungen, sodass es letztlich auch zu einer späteren Lage des Brennverlaufmaximums und einem späteren Brennende kommt. Die Simulation gibt diese Charakteristik, wie aus *Abbildung 5.10* und *Abbildung 5.11* ersichtlich, prinzipiell gut wieder. Nur bei den Betriebspunkten mit niedrigeren Restgasgehalten kommt es zu einer zu späten Lage des Verbrennungsschwerpunkts, was sich auch auf die maximale Brennrate auswirkt. Wie *Abbildung 5.12* und *Abbildung 5.13* nochmals bestätigt, liegt dies alleine an der Volumenreaktion, die einen zu hohen Zündverzug aufweist. Der über eine Flammenausbreitung verbrennende Anteil verhält sich wie erwartet und zeigt wie erwartet eine beschleunigte Phase beim Eintritt der ersten Selbstzündungen, bevor es in Folge des Ausdünnens der Flammenzone zu einem schnellen Rückgang kommt.

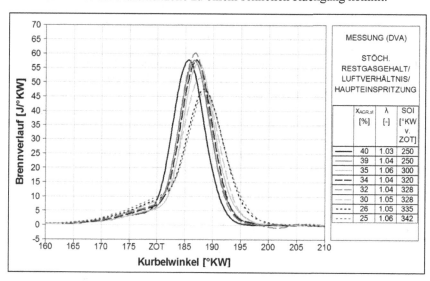

Abbildung 5.10: Brennverläufe aus der Druckverlaufsanalyse für eine kombinierte Variation von Restgasgehalt, Haupteinspritzung und Drosselklappenposition (mit Zündfunkenunterstützung)

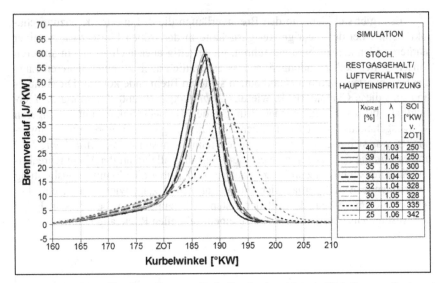

Abbildung 5.11: Simulierte Brennverläufe für eine kombinierte Variation von Restgasgehalt, Haupteinspritzung und Drosselklappenposition (mit Zündfunkenunterstützung)

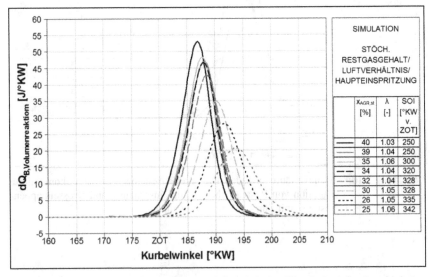

Abbildung 5.12: Anteil der Volumenreaktion bei der Simulation der kombinierten
Variation von Restgasgehalt, Haupteinspritzung und Drosselklappenposition

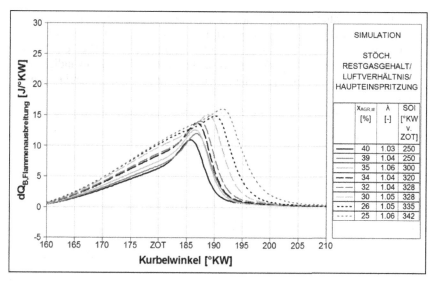

Abbildung 5.13: Anteile der Flammenausbreitung bei der Simulation der kombinierten Variation von Restgasgehalt, Haupteinspritzung und Drosselklappenposition

5.2.4 Variation des Zündwinkels

Die Analyse der Zündwinkelvariationen in Kapitel 3.3.3 hatte ergeben, dass die Auswirkungen auf den Brennverlauf sich je nach Randbedingungen deutlich unterscheiden können. Zunächst soll hierzu eine Variation betrachtet werden, bei der sehr hohe Restgasgehalte vorliegen, siehe *Tabelle 5.6*.

Tabelle 5.6: Kenngrößen der Zündwinkelvariation bei hohem Restgasgehalt

Stellgröße	Einheit	Wert/Beschreibung
Drehzahl	[min⁻¹]	2000
Last (p_{mi})	[bar]	2
Zündwinkel	[°KW v. ZOT]	40 bis -96
Voreinspritzung	[°KW v. GOT]	keine
Haupteinspritzung	[°KW v. ZOT]	260
Luftverhältnis	[-]	1,21
stöch. Restgasrate (ES)	[%]	51
Ventilsteuerzeiten	[-]	fest

Die Beobachtung aus der Druckverlaufsanalyse, dass der Zündwinkel praktisch ohne Auswirkung auf den Brennverlauf bleibt, kann auch in der Simulation
gemacht werden, siehe *Abbildung 5.14* und *Abbildung 5.15*. Dies erklärt sich
zwanglos aus dem starken Rückgang der laminaren Flammengeschwindigkeit bis
hin zu null bei hohen Restgasgehalten, der keine Flammenausbreitung mehr
zulässt.

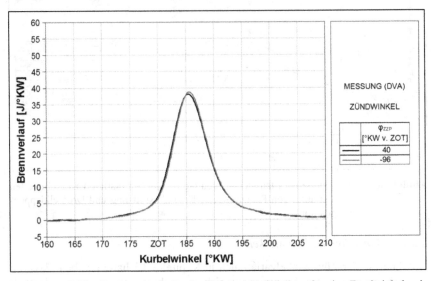

Abbildung 5.14:   Brennverläufe aus der Druckverlaufsanalyse für eine Zündwinkelvariation bei hohen Restgasgehalten

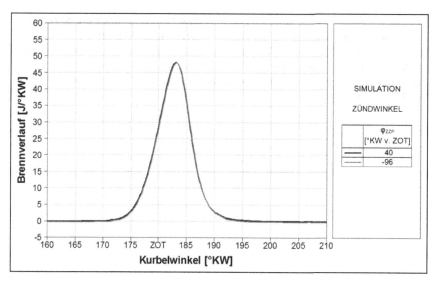

Abbildung 5.15: Simulierte Brennverläufe für eine Zündwinkelvariation bei hohen Restgasgehalten

Tabelle 5.7 zeigt die Kenngrößen einer anderen Zündwinkelvariation bei niedrigerem Restgasgehalt. Das Luftverhältnis liegt praktisch identisch und damit für die Verhältnisse der kontrollierten Benzinselbstzündung eher niedrig, die Last ist höher als bei der vorangegangenen Variation.

Tabelle 5.7: Kenngrößen der Zündwinkelvariation bei niedrigerem Restgasgehalt

Stellgröße	Einheit	Wert/Beschreibung
Drehzahl	[min⁻¹]	2000
Last (p_{mi})	[bar]	3
Zündwinkel	[°KW v. ZOT]	40 bis -15
Voreinspritzung	[°KW v. GOT]	keine
Haupteinspritzung	[°KW v. ZOT]	295
Luftverhältnis	[-]	1,21
stöch. Restgasrate (ES)	[%]	40 bis 41
Ventilsteuerzeiten	[-]	fest

Anders als bei der vorangegangenen Simulation kommt es nun zu einer leichten Frühverschiebung der Verbrennung bei früheren Zündwinkeln, wobei keine signifikante Änderung der maximalen Brennrate festgestellt werden kann.

Eine solche Reaktion auf die Zündwinkelverstellung zeigt auch die Simulation, siehe *Abbildung 5.16* und *Abbildung 5.17*. Offensichtlich führt die Wärmefreisetzung durch die flammenausbreitungsbasierte Verbrennung hier zu einer leichten Verkürzung des Zündverzugs. Da aber nur eine kurze Zeitspanne zur Verfügung steht, bis es ohnehin zu den ersten Selbstzündungen kommt, fällt der Effekt vergleichsweise gering aus.

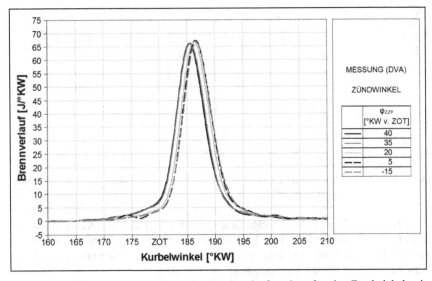

Abbildung 5.16:   Brennverläufe aus der Druckverlaufsanalyse für eine Zündwinkelvariation bei niedrigeren Restgasgehalten

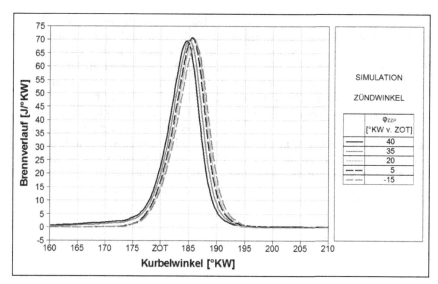

Abbildung 5.17: Simulierte Brennverläufe für eine Zündwinkelvariation bei niedrigeren Restgasgehalten

Eine dritte Variante der Zündwinkelvariation konnte bei nochmals niedrigeren Restgasgehalten und deutlich höheren Luftverhältnissen beobachtet werden. *Tabelle 5.8* zeigt einen Überblick über die entsprechenden Kenngrößen.

Tabelle 5.8: Kenngrößen der Zündwinkelvariation bei niedrigerem Restgasgehalt und hohem Luftverhältnis

Stellgröße	Einheit	Wert/Beschreibung
Drehzahl	[min⁻¹]	2000
Last (p_{mi})	[bar]	2
Zündwinkel	[°KW v. ZOT]	40
Voreinspritzung	[°KW v. GOT]	keine
Haupteinspritzung	[°KW v. ZOT]	360
Luftverhältnis	[-]	1,66
stöch. Restgasrate (ES)	[%]	33
Ventilsteuerzeiten	[-]	fest

In diesem dritten Fall der Zündwinkelvariation kommt es zu einem deutlichen Einfluss auf die Verbrennungslage und damit auch auf die maximale Brennrate. Obwohl die Simulation tendenziell richtig auf die Variation des Zündwinkels reagiert, sind diesmal deutliche Abweichungen zu konstatieren, siehe *Abbildung 5.18* und *Abbildung 5.19*. Wie *Abbildung 5.20* zeigt, liegt dies in erster Linie an der nur sehr schwach ausgeprägten Flammenausbreitung: Da nur sehr wenig Wärme freigesetzt wird, kann auch nur ein sehr schwacher Einfluss auf den Zündverzug der Volumenreaktion genommen werden. Die Tatsache, dass der Anteil, der über eine Flammenausbreitung verbrennt, sich trotz deutlich unterschiedlicher Zündwinkel der einzelnen Betriebspunkte kaum voneinander unterscheidet, schwächt den möglichen Einfluss weiter ab.

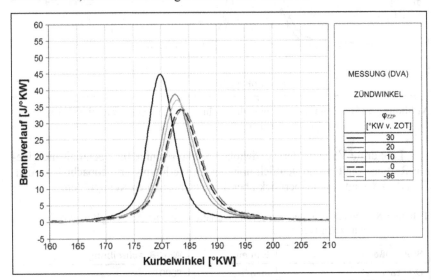

Abbildung 5.18: Brennverläufe aus der Druckverlaufsanalyse für eine Zündwinkelvariation bei niedrigeren Restgasgehalten und hohem Luftverhältnis

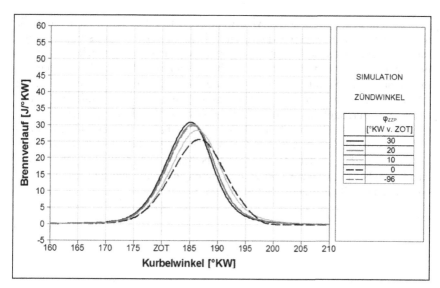

Abbildung 5.19:   Simulierte Brennverläufe für eine Zündwinkelvariation bei niedrigeren Restgasgehalten und hohem Luftverhältnis

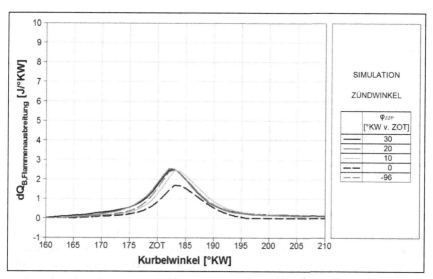

Abbildung 5.20:   Über eine Flammenausbreitung verbrennender Anteil für die Zündwinkelvariation bei niedrigeren Restgasgehalten und hohem Luftverhältnis

Dies kann möglicherweise wieder auf Unsicherheiten in der Korrelation für die laminare Flammengeschwindigkeit bei hohen Luftverhältnissen zurückgeführt werden. Das neue Brennverlaufsmodell ist nämlich prinzipiell durchaus in der Lage, auch einen deutlichen Zündwinkeleinfluss darzustellen. Hierzu ist exemplarisch die Simulation aus *Abbildung 5.17* nochmals mit einer veränderten Abstimmung des Zündintegrals – einer Reduktion des präexponentiellen Faktors um 15 % - durchgeführt worden. Es zeigt sich in *Abbildung 5.21*, dass nun ein deutlich stärkerer Zündwinkeleinfluss, vergleichbar mit jenem in *Abbildung 5.18*, festgestellt werden kann. Auf diese Weise kann die Simulation auch zum besseren Verständnis der Messergebnisse beitragen: Ein deutlicher Einfluss des Zündwinkels ist ein Zeichen für eine ausgeprägte Flammenausbreitung und verhältnismäßig spät einsetzende Selbstzündungen.

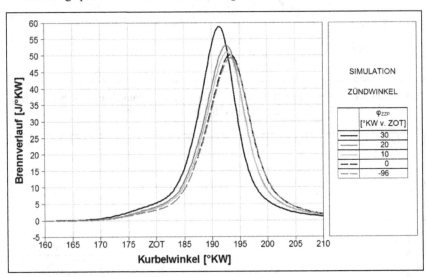

Abbildung 5.21: Simulation der Zündwinkelvariation aus Abbildung 5.17 mit einer Abstimmung für einen längeren Zündverzug

5.2.5   Variation der Voreinspritzung

Während bislang ausschließlich Variationen mit nur einer Einspritzung betrachtet wurden, sollen nun auch Variationen mit einer zusätzlichen Voreinspritzung untersucht werden. Dabei kann, je nach Sauerstoffgehalt, auch während des oberen Totpunkts des Ladungswechsels eine Verbrennung auftreten. Die wichtigsten Kenngrößen einer solchen Variation sind in *Tabelle 5.9* zusammengefasst.

Tabelle 5.9: Kenngrößen der Variation der Voreinspritzung

Stellgröße	Einheit	Wert/Beschreibung
Drehzahl	[min⁻¹]	2000
Last (p_mi)	[bar]	2
Zündwinkel	[°KW v. ZOT]	-96
Voreinspritzung	[°KW v. GOT]	70 bis 0
Haupteinspritzung	[°KW v. ZOT]	180 oder 330
Luftverhältnis	[-]	1,57 bis 1,60
stöch. Restgasrate (ES)	[%]	37
Ventilsteuerzeiten	[-]	fest

Abbildung 5.22 und *Abbildung 5.23* stellen erneut die Ergebnisse aus der Druckverlaufsanalyse und der Simulation gegenüber. Während die Verbrennungslage insbesondere bei den frühesten Einspritzzeitpunkten in der Simulation etwas zu spät liegt, wird sowohl die Abstufung der einzelnen Betriebspunkte als auch die Form des Brennverlaufs gut getroffen. Auch der zunächst steile Anstieg bei frühen Einspritzzeitpunkten, der an die Premixed-Verbrennung beim Dieselmotor erinnert, wird gut wiedergegeben.

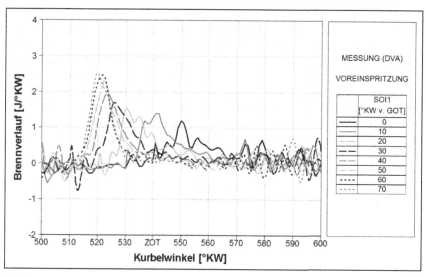

Abbildung 5.22:   Brennverläufe um GOT aus der Druckverlaufsanalyse für eine Variation der Voreinspritzung

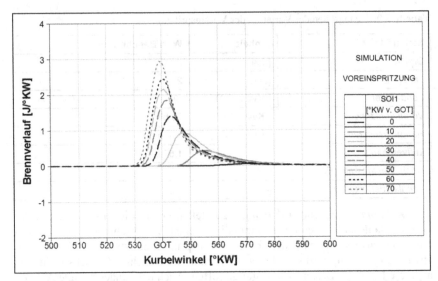

Abbildung 5.23:   Brennverläufe um GOT aus der Simulation für eine Variation der Voreinspritzung

Bei der Bewertung der Modellgüte muss an dieser Stelle auch bedacht werden, dass gerade bezüglich der GOT-Verbrennung zahlreiche Unsicherheiten aus den Messwerten und der Druckverlaufsanalyse (vergleiche Kapitel 3.2) auch in die Randbedingungen der Simulation eingehen; so ergibt sich beispielsweise die Zylindermasse während der negativen Ventilüberschneidung letztlich aus der Ladungswechselanalyse. Der Einfluss dieser Unsicherheiten auf die Simulationsergebnisse ist in der Sensitivitätsanalyse in *Abbildung 5.24* dargestellt: Bereits die Reduzierung der Zylindermasse um 10 % - absolut eine Masse unter 3 mg – sorgt für eine deutliche Frühverschiebung. Eine Reduzierung um nur etwa 6 mg absolut ist schon ausreichend, um Simulation und Druckverlaufsanalyse annähernd zur Deckung zu bringen. Zu beachten ist nicht zuletzt auch die Größenordnung, in der sich die maximale Brennrate befindet – insbesondere der Betriebspunkt mit der spätesten Voreinspritzung hebt sich nur knapp aus dem Messrauschen hervor.

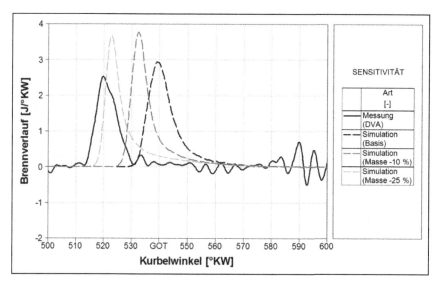

Abbildung 5.24:   Sensitivitätsanalyse für die Variation der Voreinspritzung

Um die Auswirkungen der GOT-Verbrennung auf die Hauptverbrennung zu verstehen, sollen für dieselbe Variation zwei unterschiedliche Einspritzzeitpunkte der Haupteinspritzung verglichen werden. Bei später Lage der Haupteinspritzung (180°KW v. ZOT) ist kein nennenswerter Einfluss der Voreinspritzung auf die Hauptverbrennung zu erkennen, was in der Simulation gut wiedergegeben werden kann, siehe *Abbildung 5.25* und *Abbildung 5.26*.

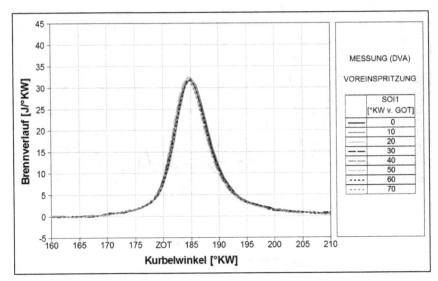

Abbildung 5.25: Brennverläufe aus der Druckverlaufsanalyse für eine Variation der Voreinspritzung bei später Haupteinspritzung

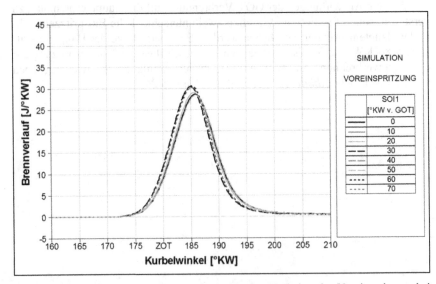

Abbildung 5.26: Simulierte Brennverläufe für eine Variation der Voreinspritzung bei später Haupteinspritzung

Dagegen bewirkt bei einer frühen Haupteinspritzung noch während der Zwischenkompression (330°KW vor ZOT) eine frühe Voreinspritzung mit entsprechend größerer Wärmefreisetzung eine Frühverschiebung der Hauptverbrennung. Auch diese Charakteristik wird von der Simulation korrekt wiedergegeben, siehe *Abbildung 5.27* und *Abbildung 5.28.*

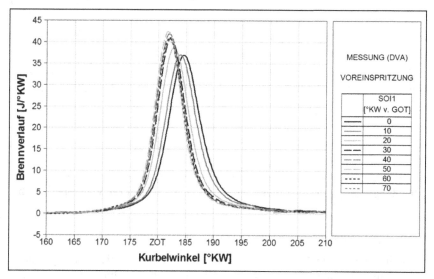

Abbildung 5.27:   Brennverläufe aus der Druckverlaufsanalyse für eine Variation der Voreinspritzung bei früher Haupteinspritzung

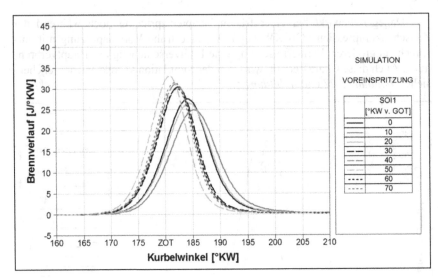

Abbildung 5.28: Simulierte Brennverläufe für eine Variation der Voreinspritzung bei früher Haupteinspritzung

5.2.6 Variation der Drosselklappenposition

Abschließend soll in Ergänzung zu den vorangegangenen Betrachtungen noch eine weitere Variationsreihe mit einer Voreinspritzung betrachtet werden, aus der sich Rückschlüsse über den Einfluss der GOT-Verbrennung auf die Hauptverbrennung ziehen lassen. Hierbei handelt es sich um eine Restgasvariation, die im Unterschied zu den bisherig diskutierten Variationen über eine Änderung der Drosselklappenposition anstatt über eine Änderung der Ventilsteuerzeiten erzielt wurde. Die wichtigsten Kenngrößen sind *Tabelle 5.10* zu entnehmen.

Tabelle 5.10: Kenngrößen der Variation der Drosselklappenposition

Stellgröße	Einheit	Wert/Beschreibung
Drehzahl	[min⁻¹]	2000
Last (pmi)	[bar]	2
Zündwinkel	[°KW v. ZOT]	30
Voreinspritzung	[°KW v. GOT]	50
Haupteinspritzung	[°KW v. ZOT]	350
Luftverhältnis	[-]	1,14 bis 1,83
stöch. Restgasrate (ES)	[%]	29 bis 46
Ventilsteuerzeiten	[-]	fest

Zunächst sollen die Ergebnisse für die GOT-Verbrennung in *Abbildung 5.29* und *Abbildung 5.30* betrachtet werden. Die Verbrennungslage in der Simulation liegt offensichtlich deutlich zu spät und es erfolgt eine geringere Wärmefreisetzung, als nach der Druckverlaufsanalyse zu erwarten wäre. Es ist allerdings davon auszugehen, dass schon geringe Veränderungen der Randbedingungen zu deutlich besseren Ergebnissen führen würden, siehe Kapitel 5.2.5. Zudem kann die Abstufung der einzelnen Betriebspunkte richtig wiedergegeben werden und insbesondere das Ausbleiben der Verbrennung beim Betriebspunkt mit der höchsten Restgasrate korrekt vorhergesagt werden.

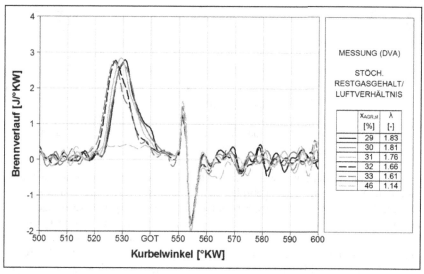

Abbildung 5.29: Brennverläufe um GOT aus der Druckverlaufsanalyse für eine Variation der Drosselklappenposition

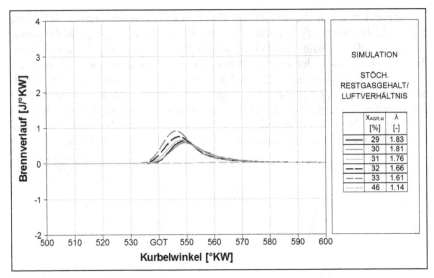

Abbildung 5.30: Brennverläufe um GOT aus der Simulation für eine Variation der Drosselklappenposition

Auch die Verhältnisse während der Hauptverbrennung werden in der Simulation qualitativ passend nachgebildet, siehe *Abbildung 5.31* und *Abbildung 5.32*. Während es bei den fünf Betriebspunkten mit den niedrigsten Restgasgehalten entsprechend den bisherigen Erkenntnissen mit ansteigendem Restgasgehalt zu einer Frühverschiebung mit ansteigenden maximalen Brennraten kommt, ist bei dem Betriebspunkt mit der höchsten Restgasrate eine Besonderheit zu beobachten: Aufgrund der fehlenden GOT-Verbrennung und der damit anfangs niedrigeren Temperatur kommt es zu einer späteren Verbrennung, allerdings aufgrund der hohen Restgasrate mit einer deutlich höheren maximalen Brennrate, als es für eine so späte Verbrennungslage zu erwarten gewesen wäre. Auch dieser Sonderfall kann simulativ korrekt vorhergesagt werden.

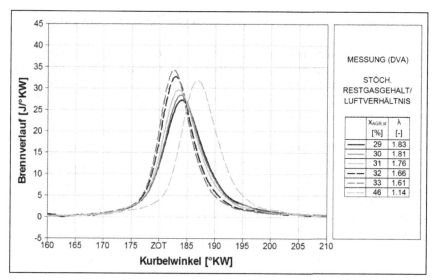

Abbildung 5.31: Brennverläufe aus der Druckverlaufsanalyse für eine Variation der Drosselklappenposition

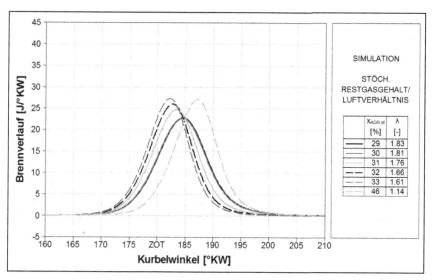

Abbildung 5.32: Simulierte Brennverläufe für eine Variation der Drosselklappenposition

5.3 Simulationsergebnisse für Strategie Restgasrücksaugung

Zur weiteren Validierung des neuen Brennverlaufmodells wurden auch Betriebspunkte bei der alternativen Restgasstrategie Restgasrücksaugung (vergleiche Kapitel 3.1) simuliert. Aufgrund der weitaus geringeren Anzahl an Betriebspunkten, die mit dieser Strategie vermessen wurden, soll auch nur eine kleinere Anzahl an Variationen untersucht werden.

5.3.1   Variation der Drosselklappenposition

Für die Restgasstrategie Restgasrücksaugung stellt die Drosselklappenposition eine wichtige Stellgröße dar; sie bestimmt das Druckniveau im Brennraum und damit auch wesentlich, wie groß die rückgesaugte Abgasmenge ist während des zweiten Auslassventilhubs ist. *Tabelle 5.11* zeigt, dass hiermit eine deutliche Variation des Restgasgehalts erzielt werden kann.

Tabelle 5.11:   Kenngrößen der Variation der Drosselklappenposition (Restgasrücksaugung)

Stellgröße	Einheit	Wert/Beschreibung
Drehzahl	[min^{-1}]	2000
Last (p_{mi})	[bar]	3
Zündwinkel	[°KW v. ZOT]	35
Voreinspritzung	[°KW v. GOT]	keine
Haupteinspritzung	[°KW v. ZOT]	330
Luftverhältnis	[-]	1,11 bis 1,24
stöch. Restgasrate (ES)	[%]	35 bis 39
Ventilsteuerzeiten	[-]	fest

Die Auswirkungen auf den Brennverlauf sind analog zur Strategie Restgasrückhaltung, siehe *Abbildung 5.33* und *Abbildung 5.34*. Mit zunehmendem Restgasgehalt erfolgt die Verbrennung immer früher und schneller. Dies wird auch in der Simulation so abgebildet, wobei das Modell etwas zu sensitiv auf den abnehmenden Restgasgehalt reagiert. Die Übereinstimmung kann jedoch insgesamt als hervorragend bezeichnet werden.

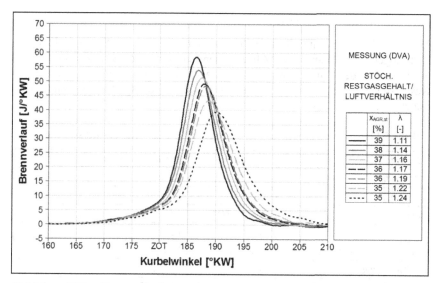

Abbildung 5.33: Brennverläufe aus der Druckverlaufsanalyse für eine Variation der Drosselklappenposition (Strategie Restgasrücksaugung)

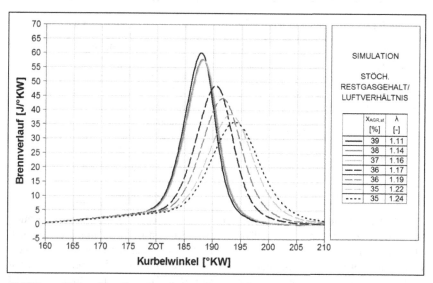

Abbildung 5.34: Simulierte Brennverläufe für eine Variation der Drosselklappenposition (Strategie Restgasrücksaugung)

5.3.2   Variation der Steuerzeiten

Die Auswirkungen einer Steuerzeitenvariation sind bei der Strategie Restgas-
rücksaugen demgegenüber im Allgemeinen geringer. Dies trifft sowohl auf die
Schließzeiten des Einlassventils (ES) als auch des Auslassventils (AS) zu: Die
Restgasgehalte ändern sich in beiden Fällen nur um wenige Prozentpunkte, vergleiche *Tabelle 5.12* und *Tabelle 5.13*.

Tabelle 5.12:   Kenngrößen der AS-Steuerzeitenvariation (Restgasrücksaugung)

Stellgröße	Einheit	Wert/Beschreibung
Drehzahl	[min⁻¹]	2000
Last (pₘᵢ)	[bar]	3
Zündwinkel	[°KW v. ZOT]	35
Voreinspritzung	[°KW v. GOT]	keine
Haupteinspritzung	[°KW v. ZOT]	330
Luftverhältnis	[-]	1,12 bis 1,16
stöch. Restgasrate (ES)	[%]	36 bis 38
Ventilsteuerzeiten	[-]	Auslass variabel

Tabelle 5.13:   Kenngrößen der ES-Steuerzeitenvariation (Restgasrücksaugung)

Stellgröße	Einheit	Wert/Beschreibung
Drehzahl	[min⁻¹]	2000
Last (pₘᵢ)	[bar]	3
Zündwinkel	[°KW v. ZOT]	35
Voreinspritzung	[°KW v. GOT]	keine
Haupteinspritzung	[°KW v. ZOT]	330
Luftverhältnis	[-]	1,03 bis 1,18
stöch. Restgasrate (ES)	[%]	39 bis 41
Ventilsteuerzeiten	[-]	Einlass variabel

Entsprechend den geringen Unterschieden in den Kenngrößen fallen auch
die Differenzen in den Brennverläufen der jeweiligen Betriebspunkte gering aus.
Die Simulation gibt in allen betrachteten Fällen die Ergebnisse aus der Druckverlaufsanalyse mit guter Genauigkeit wieder, siehe *Abbildung 5.35* und *Abbildung
5.36* für eine AS-Variation beziehungsweise *Abbildung 5.37* und *Abbildung 5.38*
für eine ES-Variation. Verbrennungslage, maximale Brennrate und Brennverlaufsform zeigen ein hohes Maß an Übereinstimmung.

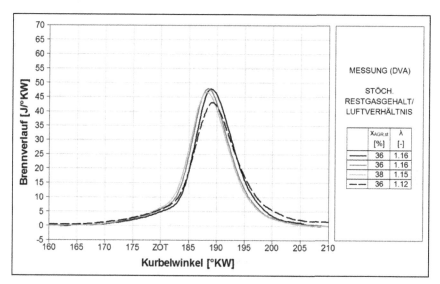

Abbildung 5.35: Brennverläufe aus der Druckverlaufsanalyse für eine AS-Steuerzeitenvariation (Strategie Restgasrücksaugung)

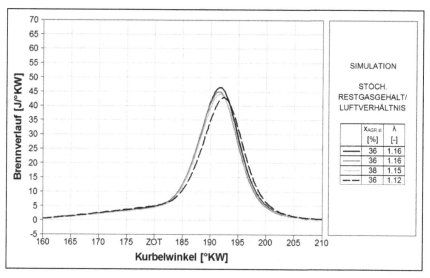

Abbildung 5.36: Simulierte Brennverläufe für eine AS-Steuerzeitenvariation (Strategie Restgasrücksaugung)

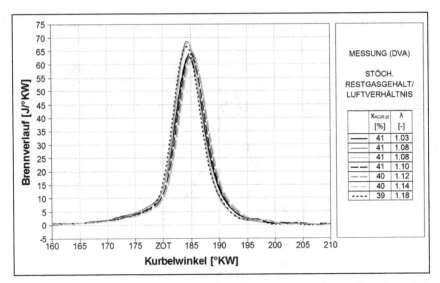

Abbildung 5.37: Brennverläufe aus der Druckverlaufsanalyse für eine ES-Steuerzeitenvariation (Strategie Restgasrücksaugung)

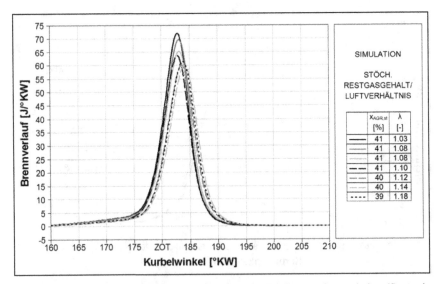

Abbildung 5.38: Simulierte Brennverläufe für eine ES-Steuerzeitenvariation (Strategie Restgasrücksaugung)

5.4 Simulationsergebnisse für Betriebsartenwechsel

Abschließend sollen noch Simulationsergebnisse von dem in Kapitel 3.3.3 gezeigten Betriebsartenwechsel diskutiert werden. Die Änderung der wichtigsten Betriebsparameter können *Abbildung 5.39* entnommen werden. Für eine ausführliche Diskussion wird auf [5] verwiesen.

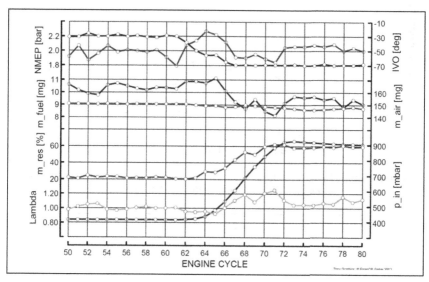

Abbildung 5.39: Analyse wichtiger Betriebsparameter während des Betriebsartenwechsels, aus [5]; die Arbeitsspiele 60 bis 80 entsprechen den hier gezeigten Arbeitsspielen 1 bis 21

Einen kompakten Überblick über den Verlauf des Betriebsartenwechsels von der Fremdzündung zur Selbstzündung zeigen zunächst *Abbildung 5.40* und *Abbildung 5.41*. Offensichtlich wird der Übergang von der konventionellen Flammenausbreitung zur kontrollierten Selbstzündung in der Simulation[47] gut getroffen, insbesondere die „Mischverbrennung" in Arbeitsspiel 7.

---

[47] Es werden nach jedem Arbeitsspiel die Randbedingungen aus der Einzelarbeitsspielanalyse übernommen.

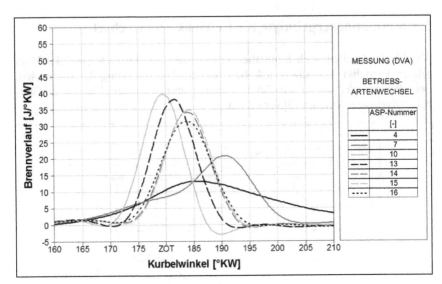

Abbildung 5.40: Brennverläufe aus der Druckverlaufsanalyse für den Betriebsartenwechsel, Arbeitsspiele 4, 7, 10 und 13 bis 16

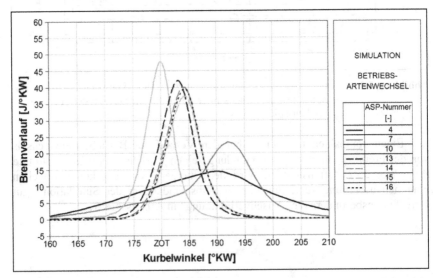

Abbildung 5.41: Simulierte Brennverläufe für den Betriebsartenwechsel, Arbeitsspiele
4, 7, 10 und 13 bis 16

Betrachtet man den genauen zeitlichen Ablauf mit allen einzelnen Arbeits-spielen sind etwas größere Streuungen zu beobachten. Für die ersten sieben Arbeitsspiele in *Abbildung 5.42* und *Abbildung 5.43* kann festgestellt werden, dass zunächst noch einen Brennverlauf vorliegt, wie er für die konventionelle fremd-gezündete Verbrennung typisch ist. Erst ab Arbeitsspiel Nummer 7 kommt es zu den ersten Selbstzündungen und damit zu dem charakteristischen Anstieg im Brennverlauf, wobei aber noch ein wesentlicher Anteil anfangs über einen Flammenausbreitungsmechanismus verbrennt. Diese für den Betriebsartenwech-sel typische „Mischverbrennung" kann mit dem neuen Brennverlaufsmodell sehr gut dargestellt werden, der Zeitpunkt des beginnenden Betriebsartenwechsels wird damit sehr gut getroffen. Die auftretenden Abweichungen zwischen Druck-verlaufsanalyse und Simulation sind eher gering und betreffen das bewährte Entrainmentmodell in gleichem Maße. Dies spricht für gewisse Fehler in den Randbedingungen, die im Rahmen der Einzelarbeitsspielanalyse generell mit größeren Unsicherheiten behaftet sind.

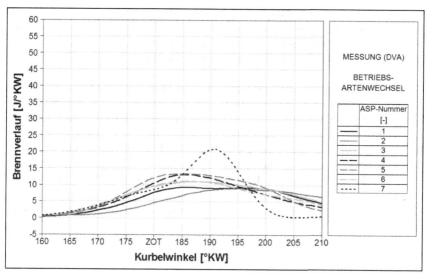

Abbildung 5.42: Brennverläufe aus der Druckverlaufsanalyse und der Simulation für den Betriebsartenwechsel, Arbeitsspiel 1 bis 7

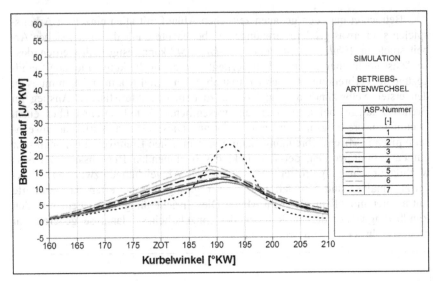

Abbildung 5.43:   Brennverläufe aus der Druckverlaufsanalyse und der Simulation für den Betriebsartenwechsel, Arbeitsspiel 1 bis 7

Die folgenden Arbeitsspiele Nummer 8 bis 14 in *Abbildung 5.44* und *Abbildung 5.45* zeigen schon Brennverläufe, wie sie für eine voll ausgeprägte Verbrennung in der Betriebsart kontrollierte Benzinselbstzündung typisch sind. Es kommt allerdings noch zu merklichen Schwankungen von Arbeitsspiel zu Arbeitsspiel. Prinzipiell zeigt sich das Verhalten auch in der Simulation, die ebenfalls einen dominierenden Anteil der Volumenreaktion erkennen lässt, allerdings größere Schwankungen zeigt, die teilweise auch entgegen der Tendenz aus der Druckverlaufsanalyse stehen. Erneut ist dies zu einem guten Anteil aus den Unsicherheiten in den Randbedingungenaus der Einzelarbeitsspielanalyse zurückzuführen.

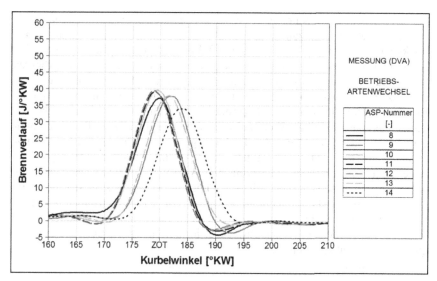

Abbildung 5.44: Brennverläufe aus der Druckverlaufsanalyse für den Betriebsarten-wechsel, Arbeitsspiel 8 bis 14

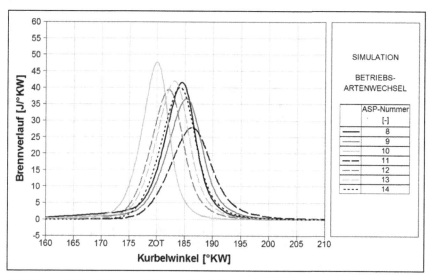

Abbildung 5.45: Simulierte Brennverläufe für den Betriebsartenwechsel, Arbeitsspiel 8 bis 14

Die Arbeitsspiele Nummer 15 bis 21 in *Abbildung 5.46* und *Abbildung 5.47* zeigen schließlich eine zunehmende Stabilisierung der Verbrennung und einen Rückgang der Schwankungen. Dieselbe Tendenz kann auch in der Simulation beobachtet werden, allerdings mit der verbleibenden Neigung zu größeren Schwankungen als in der Druckverlaufsanalyse. Da sich die Stellgrößen während der letzten Arbeitsspiele nicht mehr ändern, können die Schwankungen im Brennverlauf nur über die sich ändernden Randbedingungen erklären. Das bedeutet, dass das Modell entweder zu sensitiv auf die veränderten Randbedingungen reagiert oder dass auf den Randbedingungen aus der Einzelarbeitsspielanalyse ein Rauschen liegt, dass die tatsächlich vorhandenen Veränderungen von Arbeitsspiel zu Arbeitsspiel überzeichnet. Angesichts der Tatsache, dass alle untersuchten Variationen die Vorhersagefähigkeit des Modells als sehr gut belegen, dürfte die Ursache zu einem größeren Anteil in der letztgenannten Annahme liegen. Insgesamt bleibt festzuhalten, dass das neue Brennverlaufsmodell in der Lage ist, auch einen Betriebsartenwechsel im korrekten zeitlichen Verlauf mit guter Genauigkeit zu simulieren.

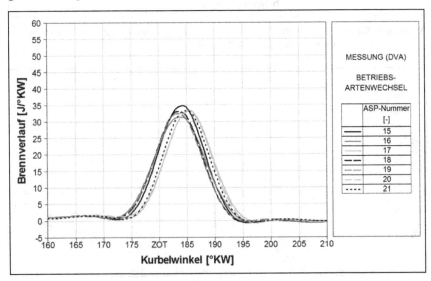

Abbildung 5.46:   Brennverläufe aus der Druckverlaufsanalyse für den Betriebsartenwechsel, Arbeitsspiel 15 bis 21

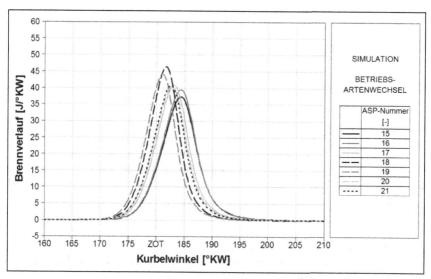

Abbildung 5.47: Simulierte Brennverläufe für den Betriebsartenwechsel, Arbeitsspiel 15 bis 21

5.5 Abweichungen des simulierten Mitteldrucks

Um die Abweichungen zwischen Druckverlaufsanalyse und Simulation mit einem integralen Wert quantifizieren zu können, soll Abschließend die Abweichung des indizierten Mitteldrucks betrachtet werden. Unter Einbeziehung der etwa 150 simulierten Betriebspunkte und unter Verwendung des Hochdruck-Werts nach Shelby [83] ergibt sich dabei das in *Abbildung 5.48* dargestellte Ergebnis. Demnach liegt der Betrag der mittleren Abweichung absolut bei unter 0,3 bar. Aufgrund der durchgängig sehr niedrigen Lasten übersetzt sich dieser Fehler prozentual auf etwa 10 %.

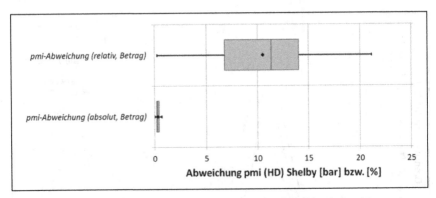

Abbildung 5.48:   Relative bzw. absoluter Betrag der Mitteldruckabweichung ($p_{mi,HD}$ nach Shelby) für etwa 150 simulierte Betriebspunkte

Als Ursache dieser Abweichungen können – neben den, wenn auch meist sehr geringen, Abweichungen im Brennverlauf vor allem folgende Effekte verantwortlich gemacht werden:

■ Wie eine Betrachtung der Mitteldruckabweichung ohne Betragsberechnung in *Abbildung 5.49* zeigt, streuen die Werte nicht symmetrisch um null, sondern es liegt eine systematische Verschiebung ins Positive vor, das heißt die Verbrennung läuft in der Simulation im Mittel zu gut ab, vermutlich vor allem in der Ausbrandphase. Es kann ein Zusammenhang zu den bei der kontrollierten Benzinselbstzündung verhältnismäßig hohen HC-Emissionen angenommen werden.

■ Die Randbedingungen der Simulation sind mit Unsicherheiten behaftet. So wird sich beispielsweise im Hochdruckteil der Simulation in der Regel nie exakt die Masse aus der Druckverlaufsanalyse einstellen, da zwischen Simulationsstart und Beginn der Hochdruckphase auch immer eine Phase mit zumindest einem geöffneten Ventil liegt. Obwohl in der Simulation die Ladungswechselanalyse mit denselben Druckverläufen aus der Niederdruckindizierung läuft, können sich die Bedingungen beim Öffnen des Ventils unterscheiden zwischen Simulation und Druckverlaufsanalyse, da bei letzterer das Ende der Zwischenkompression um GOT durch Messrauschen keine Wärmefreisetzung identisch null besitzt.

■ Im Vergleich zu konventionellen Brennverfahren sind die Voraussetzungen für eine korrekte Wiedergabe des Mitteldrucks deutlich ungünstiger. So wirken sich Mess- und Modellfehler bei der Bestimmung von Temperatur und Restgasgehalt bei der kontrollierten Benzinselbstzündung über die Zündverzugsberechnung, die über einen weiten Kurbelwinkelbereich läuft und eine exponentielle Temperaturabhängigkeit aufweist, deutlich stärker auf die Verbrennungslage und damit auch auf den Mitteldruck aus. Dagegen liegt die Verbrennungslage bei der konventionellen fremdgezündeten Verbrennung durch den Zündwinkel weitgehend fest und wird in der Simulation zusätzlich noch über einen Schwerpunktregler stabilisiert. Bei der konventionellen dieselmotorischen Verbrennung sind nur sehr kurze Zündverzugszeiten vorhanden, wodurch die Verbrennungslage ebenfalls durch den Einspritzzeitpunkt weitgehend festliegt. Selbst dort können aber bei niedrigen Lasten mitunter deutliche prozentuale Mitteldruckabweichungen auftreten.

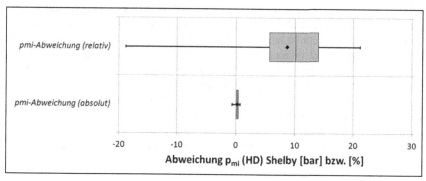

Abbildung 5.49:   Relative bzw. absolute Mitteldruckabweichung ohne Berechnung des Betrags ($p_{mi,HD}$ nach Shelby) für etwa 150 simulierte Betriebspunkte

Neben der sehr guten qualitativen Wiedergabe unterschiedlichster Variationen, wie sie insbesondere für die Brennverfahrensentwicklung wichtig ist, liefert das neue Brennverlaufsmodell damit trotz unsicherer Randbedingungen auch quantitativ akzeptable Werte. Dies gilt umso mehr, als dass das Brennverlaufsmodell in der späteren Anwendung vermutlich hauptsächlich für eine erste Motorauslegung genutzt werden wird und damit für Aufgaben wie beispielsweise den Entwurf von Regel- und Betriebsstrategien, insbesondere auch für den Betriebsartenwechsel, die Abschätzung benötigter Verstellgeschwindigkeiten im Ventiltrieb oder für die Auslegung von Nockenkonturen oder für den Vergleich von 4-, 6- und 8-Takt-Verfahren. Für diesen Aufgabentyp kann die hier demonstrierte Genauigkeit als vollkommen ausreichend betrachtet werden.

5.6 Gesamtbetrachtung der Simulationsergebnisse

Betrachtet man alle Simulationsergebnisse nochmals in ihrer Gesamtheit, muss konstatiert werden, dass das neu entwickelte Brennverlaufsmodell für eine breite Palette an Stellgrößenvariationen sowohl quantitativ als auch qualitativ korrekte Vorhersagen liefert, wobei verbleibende Abweichungen meist gering sind und sich zumindest teilweise über Unsicherheiten in der Beschreibung der laminaren Flammengeschwindigkeit und in der Bestimmung der Randbedingungen über eine Druckverlaufs- beziehungsweise Ladungswechselanalyse erklären lassen. Dies ist insofern besonders hervorzuheben, als dass die kontrollierte Benzinselbstzündung generell ein Brennverfahren darstellt, das sehr sensitiv auf veränderte Randbedingungen reagiert und sich dieses Verhalten naturgemäß auch im neu entwickelten Brennverlaufsmodell widerspiegeln muss. Als Beispiel hierfür zeigt *Abbildung 5.50* in einer Beispielrechnung, wie sensitiv das Modell auf Temperaturänderungen in der Größenordnung von nur 10 K reagiert[48]. Vergleicht man dies mit der großen Anzahl an möglichen Fehlerquellen, die sowohl bei den Messungen am Prüfstand selbst als auch bei der anschließenden Druck- und Ladungswechselanalyse inklusive der hierfür nötigen Modellannahmen existieren, wird schnell klar, dass eine nahezu perfekte Übereinstimmung zwischen Messung und Simulation im Grunde genommen nicht zu erwarten ist.

---

[48]   Für die Beispielrechnung wurde die tatsächliche Massenmitteltemperatur innerhalb der Zündintegralberechnung mit einem konstanten Offset von 10 K überlagert. Dies entspricht in einem typischen Betriebspunkt mit angenommenen Werten von T = 500 K, p = 1.5 bar, m = 500 mg und $x_{AGR,st}$ = 50% bei ES einer Temperaturabweichung von 2% und damit – um ein Gefühl für die Größenordnung zu bekommen – ausgehend von der thermischen Zustandsgleichung einer Druckabweichung von etwa 30 mbar bei konstanter Masse oder einer Massenabweichung von etwa 10 mg bei konstantem Druck, was bei konstanter Masse des Frischgemischs einer Veränderung des Restgasgehalts um etwa einen Prozentpunkt entspricht.

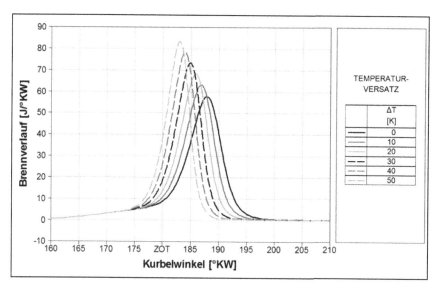

Abbildung 5.50: Sensitivität des Modells auf Temperaturänderungen anhand der Simulation eines exemplarischen Betriebspunkts

Vor diesem Hintergrund kann die Vorhersagegüte des Modells mit einiger Berechtigung als zufriedenstellend bezeichnet werden. Besonders hervorzuheben ist dabei, dass mit einem einzigen Parametersatz sowohl die Haupt- als auch die GOT-Verbrennung, verschiedene Restgasstrategien und nicht zuletzt auch konventionelle fremdgezündete Arbeitsspiele im Rahmen des Betriebsartenwechsels berechnet werden können.

6 Ausblick

Mit dem neuen Brennverlaufsmodell wurde nach Kenntnis des Autors erstmals in der vorliegenden Modellklasse der Verbrennungsfortschritt in der Betriebsart Benzinselbstzündung durch eine Kombination der beiden Mechanismen „Flammenausbreitung" und „Volumenreaktion" beschrieben. Dies ermöglicht nicht nur ein besseres Verständnis der in bestimmten Betriebszuständen maßgeblichen Vorgänge, sondern auch einen kontinuierlichen Übergang zum konventionellen fremdgezündeten Betrieb, womit das Modell auch den für die Praxis bedeutsamen Betriebsartenwechsel erfassen kann.

Diese Fähigkeiten des Modells in Kombination mit weiteren vorteilhaften Eigenschaften – der Beschränkung auf wenige, intuitiv verständliche Abstimmparameter und das Erreichen einer sehr geringen Rechenzeit – machen es in hohem Maße dafür geeignet, im täglichen Gebrauch in der virtuellen Motorentwicklung eingesetzt zu werden. Damit bietet es das Potential, den Bedarf an Prüfstandsversuchen zu reduzieren und so der Weiterentwicklung des Brennverfahrens neue Impulse zu geben. Die frühzeitige Motorauslegung, der Aufbau von Betriebs- und Regelstrategien, die Festlegung von Anforderungen an einen variablen Ventiltrieb und allgemein die Untersuchung transienter Vorgänge könnten Aufgaben sein, bei denen das neue Modell ein hilfreiches Werkzeug darstellt.

Daneben bietet das Modell aufgrund seiner prinzipiellen Konzeption mit der gleichzeitigen Erfassung von Flammenausbreitungs- und Selbstzündmechanismen auch aus Modellierungssicht Entwicklungsperspektiven hin zu einem integralen Modell der ottomotorischen Verbrennung, das neben der konventionellen, fremdgezündeten ottomotorischen Verbrennung und der kontrollierten Benzinselbstzündung auch Phänomene wie Klopfen und Vorentflammungen beschreiben kann. Wenngleich auf dem Weg dorthin noch einiges an Arbeit liegt, ist letztlich daraus ein weiter vertieftes Verständnis und ein weiterer Gewinn in der Vorhersagegüte von Modellen zur Beschreibung ottomotorischer Verbrennungsvorgänge zu erwarten.

Literaturverzeichnis

[1]   Aoyama, T.; Hattori, Y.; Mizuta, J.; Sato, Y.: An Experimental Study on Premixed-Charge Compression Ignition Gasoline Engine. SAE paper 960081, 1996.

[2]   Arrhenius, S. A.: On the Influence of Carbonic Acid in the Air Upon the Temperature of the Ground. Philosophical Magazine Vol. 41, 1896, S.237-76.

[3]   Arrhenius, S. A.: Über die Dissociationswärme und den Einfluß der Temperatur auf den Dissociationsgrad der Elektrolyte. Zeitschrift für physikalische Chemie, Vol. 4, 1889, S. 96-116.

[4]   Auer, M.; Wachtmeister, G.: Erstellung eines phänomenologischen Modells zur Vorausberechnung des Brennverlaufes von Gasmotoren. Abschlussbericht zum FVV-Vorhaben Nr. 874. Frankfurt am Main: Forschungsvereinigung Verbrennungskraftmaschinen, 2008.

[5]   Babic, G.: Betriebsstrategien Benzinselbstzündung. Abschlussbericht zum FVV-Vorhaben 883, Heft 909, Frankfurt am Main: Forschungsvereinigung Verbrennungskraftmaschinen, 2010.

[6]   Ballal, D., Lefebvre, A. H.: The influence of flow parameters on minimum ignition energy and quenching distance. 15th International Symposium on Combustion, 1974, S. 1473–1481.

[7]   Barba, C.: Erarbeitung von Verbrennungskennwerten aus Indizierdaten zur verbesserten Prognose und rechnerischen Simulation des Verbrennungsablaufes bei Pkw-DE-Dieselmotoren mit Common-Rail-Einspritzung. Dissertation, Zürich, ETH, 2001.

[8]   Bargende, M.: Ein Gleichungsansatz zur Berechnung der instationären Wandwärmeverluste im Hochdruckteil von Ottomotoren. Dissertation, Darmstadt, Technische Hochschule, 1991.

[9]   Bargende, M.; Burkhardt, C.; Frommelt, A.: Besonderheiten der thermodynamischen Analyse von DE Ottomotoren. MTZ Motorentechnische Zeitschrift 62, 2001, S. 56-68.

[10]   Bargende, M.; Heinle, M.: Einige Ergänzungen zur Berechnung der
        Wandwärmeverluste in der Prozessrechnung. 13. Tagung "Der Arbeits-
        prozess des Verbrennungsmotors", Graz 2011.

[11]   Benzinger, S.; Breitenberger, T.; Schild, M.; Fuhrmann, N.; Dahnz, C.:
        Numerische Simulation und Validierung der Benzinselbstzündung..
        Abschlussbericht zum FVV-Vorhaben 1022, Heft 1023, Frankfurt am
        Main: Forschungsvereinigung Verbrennungskraftmaschinen, 2013.

[12]   Bhave, A.; Kraft, M.; Montorosi, L.; Mauss, F.: Modelling a Dual-
        fuelled Multi-cylinder HCCI Engine Using a PDF based Engine Cycle
        Simulator. SAE paper 2004-01-0561, 2004.

[13]   Bossung, C.: Turbulenzmodellierung für quasidimensionale Prozess-
        rechnung. Abschlussbericht zum FVV-Vorhaben Nr. 1067. Forschungs-
        vereinigung Verbrennungskraftmaschinen, 2014.

[14]   Bücker, C.; Krebber-Hortmann, K.; Mori, S.: Bewertung verschiedener
        Betriebsstrategien für die Kontrollierte Selbstzündung. Essen, Haus der
        Technik Kongress, Controlled Auto Ignition, 2005.

[15]   Büning; H.; Trenkler, G.: Nichtparametrische statistische Methoden.
        Berlin: de Gruyter & Co., 1994, ISBN 978-3-110-16351-3.

[16]   Burkhardt, C.; Gnielka, M.; Gossweiler, C.; Karst, D.; Schnepf, M.; Von
        Berg, J.; Wolfer, P.: Ladungswechseloptimierung durch die geeignete
        Kombination von Indiziermesstechnik, Analyse und Simulation. 9. Ta-
        gung „Der Arbeitsprozess des Verbrennungsmotors", Graz, 2003, S.
        231-246.

[17]   Caton, P.; Song, H.; Kaahaaina, N.; Edwards, C.: Residual-effected
        Homogeneous Charge Compression with Delayed Intake-valve Closing
        at Elevated Compression Ratio. International Journal of Engine Re-
        search (I Mech E), Special Issue on HCCI - Part 1, Vol. 6. No. 4, 2005.

[18]   Chang; J.; Güralp, O.; Filipi, Z.; Assanis, D.; Kuo, T: W.; Najt, P.; Rask,
        R.: New Heat Transfer Correlation for an HCCI Engine Derived from
        Measurements of Instantaneous Surface Heat Flux. SAE paper 2004-01-
        2996.

[19]   Chiodi, M.: An innovative 3D-CFD-Approach towards Virtual Devel-
        opment of Internal Combustion Engines. Dissertation, Stuttgart, Univer-
        sität, 2010 .

[20]   Chmela, F.; Engelmayer, M.; Pirker, G.; Wimmer, A.: Prediction of turbulence controlled combustion in diesel engines. Thiesel Conference on Thermo- and Fluid Dynamic Processes in Diesel Engines, 2004.

[21]   Christensen, M.; Johansson, B.; Amneus, P.; Mauss, F.: Supercharged Homogeneous Charge Compression Ignition. SAE 980797, 1998.

[22]   Coble, A. R.; Smallbone, A. J.; Bhave, A.N.; Mosbach, S.; Kraft, M.; Niven, P.; Amphlett, S.: Implementing detailed chemistry and in-cylinder stratification into 0D/1D IC engine simulation tools. SAE paper 2011-01-0849, 2011.

[23]   Csallner, P.: Eine Methode zur Vorausberechnung der Änderung des Brennverlustes von Ottomotoren bei geänderten Betriebsbedingungen. Dissertation, München, Technische Universität, 1981.

[24]   Curran, H. J.; Gaffuri, P.; Pitz, W. J.; Westbrook, C. K.: A Comprehensive Modeling Study of n-Heptane Oxidation. Combustion and Flame 114 (1998), S. 149-177.

[25]   Curran, H. J.; Gaffuri, P.; Pitz, W. J.; Westbrook, C. K.: A Comprehensive Modeling Study of iso-Octane Oxidation. Combustion and Flame 129 (2002), S. 253-280.

[26]   Eckstein, P.P.: Repetitorium Statistik. 8. Auflage, Wiesbaden: Springer, 2014, ISBN 978-3-658-05748-0.

[27]   Eichlseder, H.; Klüting, M.; Piock,W.: Grundlagen und Technologien des Ottomotors. Wien: Springer, 2008, ISBN 978-3-211-25774-6.

[28]   Franzke, D.: Beitrag zur Ermittlung eines Klopfkriteriums der ottomotorischen Verbrennung und zur Vorausberechnung der Klopfgrenze. Dissertation, München, Technische Universität, 1981.

[29]   Furutani, M.; Kawashima, K.; Tuji, H.; Toda, M.; Otha, Y.: A New Concept of Ultra Lean Premixed Compression Ignition Engine. JSAE paper 9537060, 1995.

[30]   Ghojel, J. I.: Review of the development and applications of the Wiebe function: a tribute to the contribution of Ivan Wiebe to engine research. International Journal of Engine Research, Vol. 11, 2010, S. 297-312.

[31]   Goldanskii, V. I.: Ya. B. Zel'dovich. Physics Today 41(12), 1988, S. 98-
        102.
        http://scitation.aip.org/content/aip/magazine/physicstoday/article/41/12/
        10.1063/1.2811670

[32]   Graf, N.: Einsatz der laserinduzierten Fluoreszenz organischer Moleküle
        zur Visualisierung von Gemischbildungs- und Verbrennungsprozessen.
        Dissertation, Heidelberg, Universität, 2003.

[33]   Grill, M.: Entwicklung eines allgemeingültigen, thermodynamischen
        Zylindermoduls für alle bekannten Brennverfahren. Abschlussbericht
        zum FVV-Vorhaben Nr. 869. Frankfurt am Main: Forschungsvereini-
        gung Verbrennungskraftmaschinen, 2008.

[34]   Grill, M.: Objektorientierte Prozessrechnung von Verbrennungsmotoren.
        Dissertation, Stuttgart, Universität, 2006.

[35]   Grill, M.; Bargende, M.: The Development of a Highly Modular De-
        signed Zero-Dimensional Engine Process Calculation Code, SAE paper
        2010-01-0149, 2010.

[36]   Grill, M.; Billinger, T.; Bargende, M.: Quasi-Dimensional Modeling of
        Spark Ignition Engine Combustion with Variable Valve Train, SAE
        paper 2006-01-1107, 2006.

[37]   Gülder, Ö.: Correlations of Laminar Combustion Data for Alternative
        S.I. Engine Fuels. SAE paper 841000, 1984.

[38]   Haas, S.: Experimentelle und theoretische Untersuchung homogener und
        teilhomogener Dieselbrennverfahren. Dissertation, Stuttgart, Universität,
        2007.

[39]   Halstead, M. P.; Kirsch, L. J.; Prothero, A.; Quinn, C. P.: A mathemati-
        cal model for hydrocarbon autoignition at high pressures. Proceedings of
        the Royal Society Ser. A, Vol. 346, 1975, S. 515–538.

[40]   Haraldsson, G.; Tunestål, P.; Johansson, B.; Hyvönen, J.: HCCI Com-
        bustion Phasing with Closed-Loop Combustion Control Using Variable
        Compression Ratio in a Multi Cylinder Engine. SAE paper 2003-01-
        1830, 2003.

[41]   Hensel, S.; Sarikoç; F.; Schumann, F.; Kubach, H.; Velji, A.; Spicher, U.: A New Model to Describe the Heat Transfer in HCCI Engines. SAE paper 1009-01-0129.

[42]   Hensel, S.; Sauter, W.; Velji, A.; Spicher, U.: Analyse der zyklischen Schwankungen bei homogen kompressionsgezündeter Verbrennung (HCCI). Essen, Haus der Technik Kongress, Controlled Auto Ignition, 2005.

[43]   Herrmann, H. O.; Herweg, R.; Karl, G.; Pfau, M.; Stelter, M.; Ellmer, D.: Regelungskonzepte in Ottomotoren mit homogen-kompressionsgezündeter Verbrennung. Essen, Haus der Technik Kongress, Controlled Auto Ignition, 2005.

[44]   Heywood, J.: Internal Combustion Engine Fundamentals. McGraw-Hill Series in Mechanical Engineering, 1988, ISBN 978-0070286375.

[45]   Hockel, K.: Untersuchung zur Laststeuerung beim Ottomotor. Dissertation, München, Technische Universität, 1982.

[46]   Hyvönen, J.; Johansson, B.: HCCI Operating range with VNT Turbo charging. Essen, Haus der Technik Kongress, Controlled Auto Ignition, 2005.

[47]   Ishibashi, Y.; Asai, M.: Improving the Exhaust Emissions of the Two-Stroke Engines by Applying the Activated Radical Combustion. SAE paper 960742, 1996.

[48]   Jiang, H. F.; Wang, J. X. Shuai, S. J.: Visualisierung und Verhaltensanalyse der dieselinitiierten Zündung homogener Luft-Benzin-Gemische. Essen, Haus der Technik Kongress, Controlled Auto Ignition, 2005.

[49]   Kaufmann, M.: Thermodynamische Analyse des kompressionsgezündeten Benzinmotors. Dissertation, Graz, Technische Universität, 2005.

[50]   Kleinschmidt, W.: Selbstzündung im Klopfgrenzbereich von Serienmotoren. Tagung Klopfregelung für Ottomotoren II, Berlin, 2006, S. 1-22.

[51]   Kožuch, P.: Ein phänomenologisches Modell zur kombinierten Stickoxid- und Rußberechnung bei direkteinspritzenden Dieselmotoren. Dissertation, Stuttgart, Universität, 2004.

[52]   Kühlwein, J.; Rexeis, M.; Luz, R.; Hausberger, S.; Ligternik, N.E.;
        Kadjik, G., Eichlseder, H.: Update of Emission Factors for EURO 5 and
        EURO 6 Passenger Cars for the HBEFA Version 3.2, Final Report.
        http://ermes-group.eu/web/system/files/filedepot/10/HBEFA3-
        2_PC_LCV_final_report_aktuell.pdf

[53]   Kulzer, A.; Hathout, J. P.; Sauer, C.; Karrelmeyer, R.; Fischler, W.;
        Christ, A.: Multi-Mode Combustion Strategies with CAI for a GDI En-
        gine. SAE paper 2007-01-0214, 2007.

[54]   Kulzer, A.; Rauscher, M.; Sauer, C.; Orlandini, I.; Weberbauer, F.:
        Methods for Analysis of SI-HCCI Combustion with Variable Valve
        Actuation. 6th International Stuttgart Symposium, 2005.

[55]   Lang, O.; Habermann, K.; Krebber-Hortmann, K.; Sehr, A.; Thewes,
        M.; Kleeberg, H.; Tomazic, D.: Potential of the Spray-guided Combus-
        tion System in Combination with Turbocharging. SAE paper 2008-01-
        0139.

[56]   Lang, O.; Salber, W.; Hahn, J.; Pischinger, S.; Hortmann, K.; Bücker,
        C.: Thermodynamical and Mechanical Approach Towards a Variable
        Valve Train for the Controlled Auto Ignition Combustion Process. SAE
        paper 2005-01-0762, 2005.

[57]   Laurien, E.; Oertel, H.: Numerische Strömungsmechanik. 3. Auflage,
        Wiesbaden: Vieweg+Teubner, 2009, ISBN 978-3-8348-0533-1.

[58]   Loch, A.; Jelitto, C.; Willand, J.; Geringer, B.; Weikl, M.; Beyrau, F.;
        Leipertz, A.: Einfluss der Ladungstemperatur und AGR-Rate auf die
        Kompressionszündung in einem Ottomotor. Essen, Haus der Technik
        Kongress, Controlled Auto Ignition, 2005.

[59]   Lu, J.; Gupta, A.; Pouring, A.; Keating, E.: Preliminary Study of Chemi-
        cally Enhanced Auto-ignition in an Internal Combustion Engine. SAE
        paper 940758, 1994.

[60]   Maiwald, O.: Experimentelle Untersuchungen und mathematische Mo-
        dellierung von Verbrennungsprozessen in Motoren mit homogener
        Selbstzündung. Dissertation, Karlsruhe, Universität, 2005.

[61]   Masurier, J. B.; Foucher, F.; Dayma, G.; Mounaïm-Rouselle, C.;
        Dagaut, P.: Towards HCCI Control by Ozone Seeding. SAE paper 2013-
        24-0049, 2013.

[62]   Merker, G.; Schwarz, C.; Stiesch, G.; Otto, F.: Simulation der Verbren-
        nung und Schadstoffbildung. 3. Auflage, Wiesbaden: Teubner, 2006,
        ISBN: 978-3-8351-0080-0.

[63]   Milovanovic, N.; Blundell, D.; Gedge, S.; Turner, J.: Strategies to Ex-
        tend the Operational HCCI Area for Gasoline Engine. 14. Aachener
        Kolloquium Fahrzeug- und Motorentechnik, 2005.

[64]   Najt, P.; Foster, D.: Compression Ignited Homogeneous Charge. SAE
        paper 830264, 1983.

[65]   Nieberding, R. G.: Die kompressionszündung magerer Gemische als
        motorisches Brennverfahren. Dissertation, Siegen, Universität, 2001.

[66]   Noske, G.: Ein quasidimensionales Modell zur Beschreibung des otto-
        motorischen Verbrennungsablaufes. Düsseldorf: VDI, 1988.

[67]   Onishi, S.: A New Combustion Method of Two-Stroke Engine (A fun-
        damental Study on the Automobile Emission Control); Education Minis-
        try of Japan, 1976.

[68]   Onishi, S.; Jo, S. H.; Shoda, K.; Jo, P.D.; Kato, S.: Active Thermo-
        Atmosphere Combustion (ATAC) – A New Combustion Process for
        Internal Combustion Engine. SAE paper 790501, 1979.

[69]   Peckham, M.; Collings, N.: In-Cylinder HC Measurements with a Pis-
        ton-Mounted FID. SAE paper 932643, 1993.

[70]   Pischinger, F.: Motorische Verbrennung. Abschlussbericht Sonderfor-
        schungsbereich 224, RWTH Aachen, 2001. http://www.sfb224.rwth-
        aachen.de/bericht.htm

[71]   Pischinger, R.; Klell, M.; Sams, T.: Thermodynamik der Verbrennungs-
        kraftmaschine. 2. Auflage. Wien: Springer, 2002.

[72]   Pischinger, S.: Einfluss der Zündkerze auf Funkenentladung und Flam-
        menkernbildung im Ottomotor. Tagung „Der Arbeitsprozess des Ver-
        brennungsmotors", Graz 1991

[73]   Pischinger, S.; Wittek, K.; Tiemann, C.: Zweistufiges variables Verdich-
        tungsverhältnis durch exzentrische Kolbenbolzenlagerung. MTZ
        Motorentechnische Zeitschrift 70, 2009, S. 128-136.

[74]   Rauscher, M.; Kulzer, A.; Orlandini, I.; Weberbauer, F.; Sauer, C.: Sim-
        ulation methods in development of HCCI combustion concepts. 10.
        Tagung "Der Arbeitsprozess des Verbrennungsmotors", Graz 2005.

[75]   Rether, D.: Modell zur Vorhersage der Brennrate bei homogener und
        teilhomogener Dieselverbrennung. Dissertation, Stuttgart, Universität,
        2012.

[76]   Rether, D.; Grill, M.; Schmid, A.; Bargende, M.: Quasi-Dimensional
        Modeling of CI-Combustion with Multiple Pilot and Post Injections.
        SAE paper 2010-01-0150, 2010.

[77]   Sauter, W.; Hensel, S.; Schubert, A.: Benzinselbstzündung. FVV-
        Vorhaben Nr. 831, Abschlussbericht, 2008.

[78]   Sauter, W.; Hensel, S.; Spicher, U., Schubert, A.; Maas, U.: Untersu-
        chung der Selbstzündungsmechanismen für einen HCCI-Benzinbetrieb
        im Hinblick auf NO_X und HC-Rohemissionen unter Berücksichtigung
        der Kennfeldtauglichkeit, FVV Informationstagung Motoren, Heft
        R537, Frankfurt am Main, 2007.

[79]   Schießl, R.; Schubert, A.; Maas, U.: Numerische Simulation zur Rege-
        lung der Selbstzündung an CAI Motoren. Essen, Haus der Technik
        Kongress, Controlled Auto Ignition, 2005.

[80]   Schmid, A.; Grill, M.; Berner, H.-J.; Bargende, M.: Ein neuer Ansatz
        zur Vorhersage des ottomotorischen Klopfens. 3. Tagung: Ottomotori-
        sches Klopfen, Berlin, 2010, S 256-277.

[81]   Schröder, W.: Strömungs- und Temperaturgrenzschichten. Vorlesungs-
        umdruck, Aerodynamisches Institut (AIA), RWTH Aachen, 2014.
        http://www.aia.rwth-aachen.de/vlueb/vl/stroemungs-
        _und_temperaturgrenzschichten/material/StrTempGrenz_1_0.pdf

[82]   Senger, J.: Induktive Statistik – Wahrscheinlichkeitstheorie, Schätz- und
        Testverfahren. München: Oldenbourg, 2008, ISBN 978-3-486-58559-9.

[83]   Shelby, M.; Stein, R.; Warren, C.: A New Method for Accurate Ac-
        counting of IC Engine Pumping Work and Indicated Work. SAE paper
        2004-01-1262, 2004.

[84] Soyhan, H. S.; Yaşar, H.; Walmsley, H.; Head, B.; Kalghatgi, G. T.; Soruşbay, C.: Evaluation of heat transfer correlations for HCCI engine modelling, Applied Thermal Engineering, Vol. 29, 2008, S. 541-549.

[85] Stapf, K. G.: Numerische Simulation der Kontrollierten Selbstzündung. Dissertation, Aachen, Technische Hochschule, 2011.

[86] Tabaczynski, R. J.; Ferguson C. R.; Radhakrishnan, K.: A Turbulent Entrainment Model for Spark-Ignition Engine Combustion. SAE Technical Paper 770647, 1977.

[87] Thoma, M.: GPA-Dieselverbrennung. Abschlussbericht zum FVV-Vorhaben 778, Heft 788, Frankfurt am Main: Forschungsvereinigung Verbrennungskraftmaschinen, 2004

[88] Thring, R. H.: Homogeneous Charge Compression Ignition (HCCI) Engines. SAE paper 892069, 1989.

[89] Van Basshuysen, R. (Hrsg.): Ottomotor mit Direkteinspritzung. 3. Auflage, Wiesbaden: Springer, 2013, ISBN 978-3-658-01407-0.

[90] Van Der Staay, F.; Döring, M.; Boye, M.; Sideris, M.: Entwicklungstrends auf dem Gebiet der kontrollierten Selbstzündung von Ottomotoren. Essen, Haus der Technik Kongress, Controlled Auto Ignition, 2005.

[91] Vibe, I. I.: Brennverlauf und Kreisprozeß von Verbrennungsmotoren. Berlin: VEB Verlag Technik, 1970.

[92] Warnatz, J.; Maas, U.; Dibble, R. W.: Verbrennung. 3. Auflage, Berlin: Springer Verlag, 2001, ISBN: 3-540-42128-9

[93] Wenig, M.: Simulation der ottomotorischen Zyklenschwankungen. Dissertation, Stuttgart, Universität, 2013.

[94] Wenig, M.; Grill, M.; Bargende, M.: Fundamentals of Pressure Trace Analysis for Gasoline Engines with Homogeneous Charge Compression Ignition. SAE paper 2010-01-2182, 2010.

[95] Winklhofer, E., Philipp, H., Kapus, P., Piock,W. F.: Anomale Verbrennungseffekte in Ottomotoren. Essen, Haus der Technik Kongress, Tagung Optische Indizierung, 2004.

[96]   Witt, A.: Analyse der thermodynamischen Verluste eines Ottomotors
        unter den Randbedingungen variabler Steuerzeiten. Dissertation, Graz,
        Technische Universität, 1999.

[97]   Wolters, P.; Salber, W.; Dilthey, J.: Radical Activated Combustion: A
        New Approach for Gasoline Engines, A New Generation of Engine
        Combustion Processes for the Future? Institut Français du Pétrole (IFP)
        International Congress, Editions Technip, Paris, 2001.

[98]   Wolters, P.; Salber, W.; Geiger, J.; Duesmann, M.; Dilthey, J.: Con-
        trolled Autoignition Combustion Process With An Electromechanical
        Valve Train. SAE paper 2003-01-0032, 2003.

[99]   Worret, R.; Spicher, U.: Entwicklung eines Kriteriums zur Vorausbe-
        rechnung der Klopfgrenze. Abschlussbericht zum FVV-Vorhaben Nr.
        700. Frankfurt am Main: Forschungsvereinigung Verbrennungs-
        kraftmaschinen, 2002.

[100]   Yamamoto, S.; Satou, T.; Ikuta, M.: Feasibility Study of Two-stage
        Hybrid Combustion in Gasoline Direct Injection Engines. SAE paper
        2002-01-0113, 2002.

[101]   Yamaoka, S.; Shimada, A.; Kakuya, H.; Sato, S.; Suzuki, K.; Okada, T.:
        HCCI Operation Control in a Multi Cylinder Gasoline Engine with Var-
        iable Valve Train. Essen, Haus der Technik Kongress, Controlled Auto
        Ignition, 2005.

[102]   Zeldovich, Y. B., Librovich, V. B., Makhviladze, G. M., Sivashinsky, G.
        I.: On the Development of Detonation in a Non-Uniformly Preheated
        Gas. Acta Astronautica, 15, Pergamon Press, 1970, S. 313-321.

[103]   Zeldovich, Y. B.: Regime Classification of an Exothermic Reaction with
        Nonuniform Initial Conditions. Combustion and Flame 39, 1980, S. 211-
        214

[104]   Zhao, H.; Ma, T.; Jiang, X.; Cao, L.; Standing, R.; Kalin, N.: Combined
        Experimental and Modelling Studies on CAI Combustion Engines. Es-
        sen, Haus der Technik Kongress, Controlled Auto Ignition, 2005.

[105]   Zheng, J.; Miller, D. L.; Cernansky, N. P.: A Global Reaction Model for
        the HCCI Combustion Process. SAE paper 2004-01-2950, 2004.

Anhang

A.1 Diskussion des Drehzahleinflusses

Der Brennbeginn in der Betriebsart kontrollierte Benzinselbstzündung erfolgt abgesehen von den Fällen mit Zündfunkenunterstützung stets – wie bereits der Name impliziert – durch Selbstzündung. Selbstzündprozesse sind thermokinetisch dominiert und benötigen eine bestimmte Zeit. Damit wäre grundsätzlich zu erwarten, dass sich der Zündverzug bei einer Drehzahlerhöhung ausgedrückt in Kurbelwinkel verlängert – analog zum Rückgang der Klopfneigung bei hohen Drehzahlen.

Ein solcher Einfluss konnte in den Messdaten jedoch nicht festgestellt werden. Vergleicht man – in Ermangelung einer systematischen Drehzahlvariation – verschiedene Betriebspunkte miteinander, die sich hinsichtlich der maßgeblichen Parameter – Luftverhältnis, Restgasgehalt, Temperatur, Last – möglichst ähnlich sind und sich nur in der Drehzahl unterscheiden, findet man beispielsweise die in *Tabelle A.1* beschriebene Zusammenstellung:

Tabelle A.1:   Auswahl von Betriebspunkten, die sich nur hinsichtlich der Drehzahl deutlich unterscheiden

Betriebspunkt	Drehzahl [min^{-1}]	Einspritzung [°KW v. ZOT]	T(ES) [K]	T(ZOT-20)[49] [K]	λ [-]	$x_{AGR,st}$ [%]
A	2000	360	551	904	1,43	30
B	2000	351	557	901	1,37	33
C	2000	368	552	909	1,44	30
D	2000	361	550	904	1,39	32
E	3000	330	577	947	1,45	33
F	3000	335	557	919	1,49	32
G	3000	330	562	927	1,43	33

Als einziger Parameter weicht der Einspritzzeitpunkt bei den Betriebspunkten mit der höheren Drehzahl deutlich ab. Dies kann jedoch als eine Abweichung zur sicheren Seite betrachtet werden, da ein so deutlich späterer Einspritzzeitpunkt allenfalls eine noch spätere Verbrennung bei der höheren Drehzahl erwar-

---

[49]   Temperatur 20°KW v. ZOT

ten lassen würde. Vergleicht man jedoch die aus der Druckverlaufsanalyse ermittelten Brennverläufe stellt man fest, dass die Betriebspunkte mit höherer Drehzahl sogar eine frühere Verbrennung aufweisen, siehe *Abbildung A.1*.

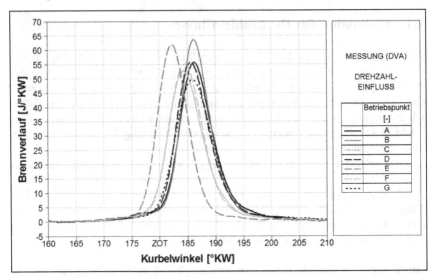

Abbildung A.1:   Vergleich der Brennverläufe aus der Druckverlaufsanalyse für die Betriebspunkte aus Tabelle A.1

Eine erste mögliche Erklärung hierfür könnte zunächst in den – wenn auch geringen – Temperaturunterschieden liegen, da die starke Sensitivität der kontrollierten Benzinselbstzündung bereits mehrfach konstatiert wurde. Tatsächlich ist innerhalb der Reihe von Betriebspunkten bei höherer Drehzahl eine Übereinstimmung zwischen Temperatur und Verbrennungslage zu finden, jedoch liegt das Temperaturniveau bei Betriebspunkt F bereits nur noch minimal über jenem des Betriebspunkts C, der den Betriebspunkt mit dem höchsten Temperaturniveau bei niedrigerer Drehzahl darstellt. Betrachtet man nun die Reihe der Betriebspunkte bei höherer Drehzahl (E, F, G) und „extrapoliert" gedanklich einen vierten Betriebspunkt auf das Temperaturniveau beispielsweise des Betriebspunkts C, wäre keinesfalls zu erwarten, dass die Verbrennung bei höheren Drehzahlen signifikant später liegt. Dies wird insbesondere deutlich, wenn man sich anhand einer Simulation vor Augen führt, wie stark sich der Drehzahleinfluss unter der anfangs gemachten Annahme eigentlich auswirken müsste, siehe *Abbildung A.2*.

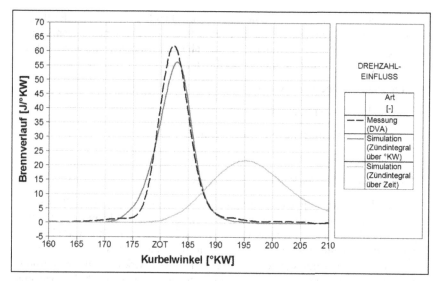

Abbildung A.2: Vergleich der Brennverläufe aus Druckverlaufsanalyse und Simulation für Betriebspunkt G aus **Tabelle A.1** mit einer Integration über dem Kurbelwinkel beziehungsweise über der Zeit

Bedenkt man nochmals, dass es sich bei der gemachten Analyse wegen des späteren Einspritzzeitpunkts bei hohen Drehzahlen um eine Abschätzung zur sicheren Seite handelte und die Simulation mit einer Integration über dem Kurbelwinkel statt über der Zeit sehr gute Ergebnisse lieferte, kann mit großer Sicherheit festgestellt werden, dass sie Messdaten tatsächlich keinen Drehzahleinfluss aufweisen. Aus anderen Untersuchungen existieren Indizien, die dafür sprechen könnten, dass zumindest in gewissen Drehzahlbereichen tatsächlich kein Drehzahleinfluss vorliegt:

■ In [64] wird berichtet, dass bei hohen Ladungstemperaturen zu Kompressionsbeginn kein Drehzahleinfluss mehr feststellbar ist.

■ In [65] wird festgestellt, dass das Brennverfahren hinsichtlich der Drehzahl lediglich durch die Verstellgeschwindigkeit des variablen Ventiltriebs begrenzt wird[50]. Bis dahin ist kein signifikanter Rückgang von Spitzendrücken oder Druckgradienten aufgetreten. Ferner wird davon gesprochen, dass durch den Betrieb mit Restgas im Vergleich zu älteren Untersuchungen mit Vorwärmen der Ansauglufttemperatur der Betriebsbereich erheblich erweitert werden konnte.

---

[50] In diesem Fall lag die maximale Drehzahl bei 3500 min^{-1}.

Es stellt sich dann die Frage, warum die empirischen Ergebnisse von der theoretischen Erwartung abweichen. Es ist anzunehmen, dass es einen gegenläufigen Effekt gibt, der ebenfalls von der Drehzahl abhängt, jedoch verkürzend auf den Zündverzug wirkt. Infrage kommen hierfür zunächst:

- niedrigere Wandwärmeverluste

- schnellere Aufbereitung des Kraftstoffes

- Verbesserte Homogenisierung des Gemischs

- geringere Abkühlung des Restgases

- höhere Aktivität der Radikale im Restgas

Während die niedrigeren Wandwärmeverluste mit Sicherheit eine Rolle spielen, in der Simulation aber automatisch berücksichtigt werden, scheint die schnellere Kraftstoffaufbereitung angesichts der vorliegenden Messdatenanalyse eher eine untergeordnete Rolle zu spielen, da selbst Einspritzzeitpunktvariationen in einem sehr weiten Bereich nur vergleichsweise geringe Auswirkung auf die Verbrennungslage zeigen. Eine verbesserte Gemischhomogenisierung würde zwar eine schnellere Verbrennung erwarten lassen, aber eher zu einer Verlängerung des Zündverzugs führen und kann damit als alleinige Erklärung nahezu ausgeschlossen werden. Plausibel erscheint jedoch der Zeiteinfluss auf das Restgas: Eine kürzere Zeitdauer führt zu geringeren Wärmeverlusten und einem geringeren Rückgang der Radikalkonzentration, da weniger Radikale durch Rückreaktionen zu inaktiven Spezies abgebaut werden können. Ein solcher Zusammenhang wird auch in [65] vermutet und passt auch zu der Beobachtung, dass bei einer restgasbasierten Regelstrategie ein größerer Drehzahlbereich abgedeckt werden kann als bei einer Betriebsstrategie auf Basis der Ansauglufttemperatur. Gleichzeitig könnte damit auch erklärt werden, dass sich der Drehzahleinfluss je nach Drehzahlbereich stark unterschiedlich auswirken kann, da reaktionskinetische Prozesse wie der Radikalzerfall im Allgemeinen stark nichtlineares Verhalten zeigen können.

Bezogen auf das neu entwickelte Brennverlaufsmodell bedeutet dies, dass die Faktoren μ_{red} beziehungsweise f_{red} in Abhängigkeit von der Drehzahl modelliert werden müssten, um den Zeiteinfluss auf den Radikalzerfall abzubilden. Bei einer einfachen Annahme einer Proportionalität würde sich somit der Drehzahleinfluss im Radikalzerfall mit dem Drehzahleinfluss des Zündintegrals aufheben und sich de facto genau jene Integration über den Kurbelwinkel statt über der Zeit ergeben, der auf Basis der empirischen Messdaten implementiert wurde. Aufgrund der gegebenen Datenlage, in der nur ein geringer Drehzahlbereich abgedeckt wurde, und dem Fehlen systematischer Drehzahlvariationen, die eine solche Modellierung teilweise spekulativ machen würde, wurde jedoch auf ein solches Vorgehen bewusst verzichtet.

A.2 Korrelationen für die laminare Flammengeschwindigkeit

In der Literatur sind verschiedene Korrelationen für die laminare Flammengeschwindigkeit bekannt, die sich empirisch aus Messungen ergeben. Die dabei gefundenen Funktionszusammenhänge extrapolieren oft in nicht unerheblichem Umfang, wodurch sich Unsicherheiten und zum Teil erhebliche Unterschiede zwischen Korrelationen verschiedener Autoren ergeben. Dies soll nachfolgend am Beispiel der beiden weit verbreiteten Korrelationen von Heywood [44] und Gülder [37] gezeigt werden.

In *Abbildung A.3* ist zunächst die laminare Flammengeschwindigkeit bei Referenzbedingungen für die Kraftstoffe Benzin beziehungsweise Isooktan dargestellt. Es sind betragsmäßig deutliche Unterschiede zu erkennen, die sich nicht alleine aus dem Unterschied zwischen Benzin und Isooktan erklären lassen. Zudem zeigt sich auch ein qualitativ anderer Verlauf: Während die Brenngeschwindigkeit bei Gülder sich mit steigendem Luftverhältnis asymptotisch der Abszisse nähert, geht sie bei Heywood schnell gegen null. Diese Unterschiede ergeben sich vor allem aus der Extrapolation, da die Messwerte nur für einen vergleichsweise kleinen Bereich an Luftverhältnissen vorlagen. Ähnliche Probleme bestehen auch bezüglich der Beschreibung des Restgaseinflusses. Somit ergibt sich eine große Unsicherheit bezüglich der Flammengeschwindigkeit in stark verdünnten Gemischen.

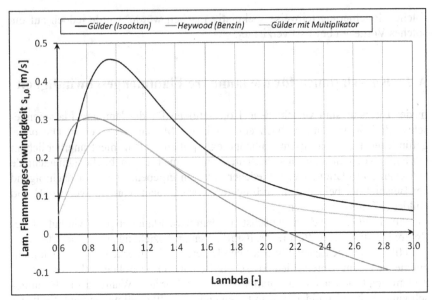

Abbildung A.3: Vergleich der laminaren Flammengeschwindigkeiten von Benzin nach Heywood beziehungsweise Isooktan nach Gülder bei Referenzbedingungen

Dies ist ergänzend nochmals für den Kraftstoff Methan in *Abbildung A.4* illustriert. Hier wurden die Parameter in der Grundform der Heywood-Gleichung so angepasst, dass die laminare Flammengeschwindigkeit für stöchiometrische Luftverhältnisse gut zu den Werten von Gülder passt. Erneut sind die deutlichen Unterschiede bei hohen Luftverhältnissen zu erkennen, die für die Simulation mager betriebener Erdgasmotoren auch starke Praxisrelevanz besitzen.

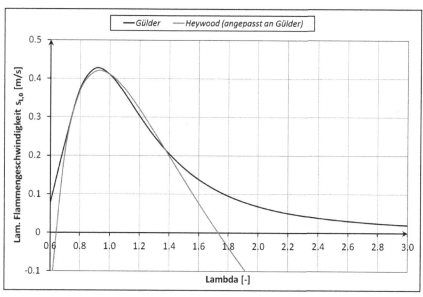

Abbildung A.4:   Vergleich der laminaren Flammengeschwindigkeiten von Methan nach Gülder und einem angepassten Heywood-Ansatz bei Referenzbedingungen

Dass die Unterschiede teilweise sogar noch größer ausfallen können, soll an einem letzten Beispiel, diesmal wieder für Benzin/Isooktan demonstriert werden. *Abbildung A.5* zeigt dabei den Anstieg der laminaren Flammengeschwindigkeit für ein stöchiometrisches Gemisch bei einem Druck von 10 bar. Offensichtlich wird also auch die Temperaturabhängigkeit stark unterschiedlich wiedergegeben, was die schon bei Referenzbedingungen gegebenen Unterschiede nochmals stark verändern kann.

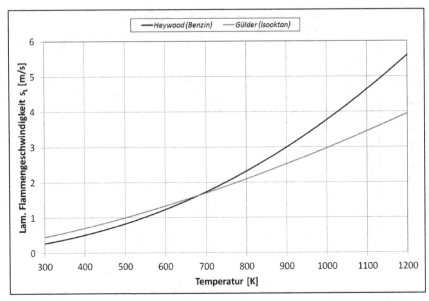

Abbildung A.5:   Vergleich der laminaren Flammengeschwindigkeiten von Benzin nach
Heywood beziehungsweise Isooktan nach Gülder in Abhängigkeit von
der Temperatur bei stöchiometrischem Gemisch und einem Druck von
1 bar

Insgesamt besteht also eine erhebliche Unsicherheit bezüglich der Größe
der laminaren Flammengeschwindigkeit. In der Praxis spielt diese im Normalfall
eine untergeordnete Rolle, solange diese durch andere Modellparameter bei der
Abstimmung wieder ausgeglichen werden können – wie es zum Beispiel beim
Entrainmentmodell der Fall ist – und solange nur eine vergleichsweise schwache
Gemischverdünnung vorliegt. Für das in diesem Vorhaben neu entwickelte
Brennverlaufsmodell können die Unsicherheiten aber die Aufteilung zwischen
Flammenausbreitung und Volumenreaktion an der Gesamtverbrennung und
damit auch die Vorhersagegüte des Modells insgesamt beeinflussen. Es wäre
daher insgesamt wünschenswert, wenn zuverlässigere Korrelationen für die laminare Flammengeschwindigkeit mit einem breiten abgesicherten Gültigkeitsbe-
reich entwickelt werden könnten.

Printed in the United States
By Bookmasters